国家自然科学基金项目（52074106）
河南省优秀青年科学基金项目（232300421061）
河南理工大学创新型科研团队项目（T2023-3）
瓦斯灾害监控与应急技术国家重点实验室开放基金项目（2021SKLKF01）

各向异性煤岩损伤与瓦斯吸附解吸渗流耦合机理研究

刘佳佳◎著

GEXIANG YIXING MEIYAN SUNSHANG YU WASI XIFU
JIEXI SHENLIU OUHE JILI YANJIU

中国矿业大学出版社
·徐州·

内容提要

本书针对中马村矿各向异性高阶煤孔裂隙结构及瓦斯吸附解吸渗流耦合机理开展研究，采用理论分析、实验研究、模型构建、数值模拟相结合的研究方法，通过扫描电镜、压汞测试、低温液氮吸附以及低场核磁共振技术定性/定量分析煤样的微观孔隙结构特征，开展各向异性高阶煤的单轴压缩及声发射破坏特性实验，利用低场核磁共振系统开展各向异性高阶煤在不同围压下瓦斯吸附规律实验，利用煤岩三轴吸附-解吸-渗流实验系统开展各向异性高阶煤在不同力学路径条件下瓦斯渗流特性实验，建立考虑各向异性、有效应力、瓦斯压力压缩、吸附膨胀和Klinkenberg(克林肯贝格)效应影响的各向异性煤岩渗透率演化模型及流固耦合模型，并进行本煤层顺层钻孔瓦斯抽采的数值模拟研究，研究成果对优化瓦斯抽采设计具有重要的指导意义。

本书可供安全工程及相关专业的科研和工程技术人员参考。

图书在版编目(CIP)数据

各向异性煤岩损伤与瓦斯吸附解吸渗流耦合机理研究 / 刘佳佳著. —徐州：中国矿业大学出版社，2023.2

ISBN 978 - 7 - 5646 - 5716 - 1

Ⅰ. ①各… Ⅱ. ①刘… Ⅲ. ①煤层瓦斯—研究 Ⅳ. ①TD712

中国国家版本馆 CIP 数据核字(2023)第 028295 号

书　　名　各向异性煤岩损伤与瓦斯吸附解吸渗流耦合机理研究

著　　者　刘佳佳

责任编辑　王美柱　耿东锋

出版发行　中国矿业大学出版社有限责任公司

（江苏省徐州市解放南路　邮编 221008）

营销热线　(0516)83884103　83885105

出版服务　(0516)83995789　83884920

网　　址　http://www.cumtp.com　**E-mail**：cumtpvip@cumtp.com

印　　刷　江苏淮阴新华印务有限公司

开　　本　787 mm×1092 mm　1/16　**印张** 7.75　**字数** 198 千字

版次印次　2023 年 2 月第 1 版　2023 年 2 月第 1 次印刷

定　　价　45.00 元

（图书出现印装质量问题，本社负责调换）

前　言

煤炭是我国的主体能源，在我国一次能源消费结构中煤炭占55%左右，且高阶煤占有相当的比例。我国50%以上的煤层为高瓦斯煤层，且多数煤层具有非均质性、低压力、低渗透率和低含气饱和度等特点，煤层赋存条件复杂，煤层瓦斯含量普遍较高。准确掌握煤层中瓦斯赋存特征和渗流特性对预防瓦斯灾害和提高瓦斯抽采率具有重要的意义。

作者多年来结合国家安全需求和能源安全发展规划，依托河南理工大学安全科学与工程学科及煤炭安全生产与清洁高效利用省部共建协同创新中心、瓦斯地质与瓦斯治理国家重点实验室培育基地、煤矿灾害防治教育部重点实验室等平台，结合自身研究背景，围绕矿井瓦斯灾害防治这一研究主线，针对矿井瓦斯灾害防治理论与技术、煤岩采动损伤与瓦斯渗流耦合机理开展了一系列创新性研究工作，攻克了一批关键科学问题和技术难题，产出了一些具有一定影响力的研究成果，在此基础上撰写了本书。

本书针对中马村矿各向异性高阶煤孔裂隙结构及瓦斯吸附解吸渗流耦合机理开展研究，采用理论分析、实验研究、模型构建、数值模拟相结合的研究方法，通过扫描电镜、压汞测试、低温液氮吸附以及低场核磁共振技术定性/定量分析煤样的微观孔隙结构特征，开展各向异性高阶煤的单轴压缩及声发射破坏特性实验，利用低场核磁共振系统开展各向异性高阶煤在不同围压下瓦斯吸附规律实验，利用煤岩三轴吸附-解吸-渗流实验系统开展各向异性高阶煤在不同力学路径条件下瓦斯渗流特性实验，建立考虑各向异性、有效应力、瓦斯压力压缩、吸附膨胀和克林肯贝格效应影响的各向异性煤岩渗透率演化模型及流固耦合模型，并进行本煤层顺层钻孔瓦斯抽采的数值模拟研究。

本书的研究工作得到了国家自然科学基金(52074106)、河南省优秀青年科学基金(232300421061)、河南理工大学创新型科研团队(T2023-3)和瓦斯灾害监控与应急技术国家重点实验室开放基金(2021SKLKF01)等项目的资助，在此表示感谢！

作者在撰写本书过程中虽然尽了最大努力，但受水平所限，书中难免有不当之处，敬请读者批评指正！

著　者

2023年1月于河南理工大学

目　录

1 引 言

1.1 研究目的和意义

煤炭是我国的主体能源，在我国一次能源消费结构中煤炭占55%左右，且高阶煤占有相当的比例。瓦斯是煤在地质历史演化过程中形成的无色、无味、易燃易爆的气体，它生成于煤层、储存于煤层及其围岩。我国煤层气（瓦斯）资源丰富，埋深2 000 m以浅的煤层气地质资源量约为3.681×10^{13} m^3[1]。瓦斯是煤矿安全的“第一杀手”，瓦斯灾害严重制约中国煤炭安全生产，2008—2017年我国煤矿瓦斯事故起数和死亡人数一直处于较高的水平，事故死亡人数占煤矿总死亡人数的比例在25%左右，事故起数占煤矿总事故起数的比例在10%左右[2]。因此，预防和控制瓦斯事故对保障我国煤矿安全生产至关重要。与此同时，瓦斯也是一种清洁、热效率高、污染低的优质能源，1 000 m^3煤层气的热能相当于381.8 kg石油、1.4 t标准煤的热能。因此，开发利用煤层气对减少空气污染、保护大气环境具有重要的意义。我国50%以上的煤层为高瓦斯煤层，且多数煤层具有非均质性、低压力、低渗透率和低含气饱和度等特点，煤层赋存条件复杂，煤层瓦斯含量普遍较高[3]。准确掌握煤层中瓦斯赋存特征和渗流特性对预防瓦斯灾害和提高瓦斯抽采率具有重要的意义。

煤是具有孔裂隙结构的双重介质，煤在不同的层理和节理方向具有典型的各向异性特征。瓦斯渗流主要发生在煤体的孔隙和裂隙中，煤中裂隙的类型以及连通性有较大差异，从而造成煤层渗透性的各向异性。在煤矿开采过程中，煤层所处的应力环境发生改变，煤层中的瓦斯含量也会发生较大的变化。瓦斯在煤层中的流动，需先经过解吸，然后通过煤体孔裂隙系统流出煤体。一方面，瓦斯的吸附解吸对煤体渗透率有影响，煤基质会因瓦斯解吸而收缩变形，从而引起煤体渗透能力提高，相反瓦斯的吸附会使煤体膨胀而导致其渗透能力降低。另一方面，在煤矿开采过程中，煤体所受压应力会发生明显的变化，这也会对瓦斯的解吸扩散渗流过程产生显著影响[4-5]。

综上所述，瓦斯在煤体中的含量以及运移受多种因素的影响，煤层瓦斯运移具有典型的各向异性特征，且煤层处于复杂的应力环境中。因此，开展各向异性高阶煤微观孔隙结构及瓦斯吸附解吸渗流耦合机理研究至关重要。本书研究成果对优化瓦斯抽采布置、提高瓦斯抽采效率、减少瓦斯排放具有重要的理论意义和实际应用价值，对实现煤矿深部开采的安全高效生产的目标有重要的意义。

1.2 国内外研究现状

1.2.1 煤层及瓦斯赋存特征研究现状

在煤层赋存规律方面:李懿[6]研究发现断层对煤层赋存的增厚、缺失、倒转及多次重复具有重要的影响。蔡杰等[7]研究发现构造运动会使煤层产生较多的裂隙,产生的裂隙不但会增加煤层的渗透性,而且会增加储气空间,在煤层受到挤压处煤层物性变差。任泽强[8]针对孙疃煤矿主采煤层赋存特征进行了系统研究。刘玉敏[9]研究发现尚义煤田赋煤带沿冲积扇前缘呈条带状分布且区域内构造复杂,煤层不稳定。李子琛等[10]综合分析了构造及河流冲刷影响下的地质构造和煤层分层赋存特征。令狐克桥[11]研究了煤层厚度变化的影响因素。

在瓦斯赋存特征方面:杜海刚等[12]研究发现影响煤层瓦斯赋存的首要因素为岩浆热演化作用,且煤变质程度升高不仅增大了瓦斯的生成量,而且增加了煤层瓦斯的吸附能力。杨承文[13]研究发现在控气地质因素中,煤层厚度不利于煤层气的生成及富集,水文地质控气作用为水力运移逸散控气作用。武松[14]针对陕西招贤煤矿分析了构造对瓦斯赋存的控制作用和瓦斯的变化与分布规律。于建明[15]针对王家岭煤矿系统探讨了煤层瓦斯吸附量与赋存瓦斯压力、煤体温度、煤层埋深及围岩透气性的变化关系。陈波等[16]针对丈八井田分析了煤层气赋存特征和控气因素。S. Q. Yang 等[17]研究得到了采场上覆岩层及其对应应力的动态变化规律,从而阐明了瓦斯解吸与应力之间的关系。Q. S. Li 等[18]以贵州煤矿为例,研究了影响瓦斯赋存的主要因素。K. Z. Zhang 等[19]系统分析了地质构造带瓦斯赋存状况,研究成果对煤层气开采、瓦斯灾害防治和突出危险性预测具有重要意义。

1.2.2 煤岩损伤及裂隙演化研究现状

在煤岩损伤方面:Q. Q. Liu 等[20]建立了考虑煤体损伤的本构模型及渗透率动态演化模型,结合三轴压缩实验研究了构造煤的弹性变形及渗透率变化规律。D. N. Espinoza 等[21]分析了煤岩损伤的影响因素,得出了煤基质收缩、瓦斯解吸膨胀与煤岩损伤之间的耦合关系。李和万等[22]揭示了不同节理结构煤样在液氮低温冷加载作用下的损伤规律。徐超等[23]研究了加卸载方式对采动煤体损伤及渗流特性的影响。王向宇等[24]开展了三轴循环加卸载条件下,深部开采煤体损伤的能量演化规律和渗透特性实验研究。钟江城[25]利用 CT 可视化实验系统,针对深部煤体损伤和渗透率演化规律进行了实验及模拟研究。张娟等[26]推导了卸加载响应比与弹性模量之间的关系,得到了在卸加载过程中煤样的损伤情况。韩毅等[27]论述了应力场、渗流场耦合作用下的煤岩损伤破坏特征。于永军等[28]分析了不同工况下水力裂缝扩展特征并对比研究了破裂压力变化规律。Z. Q. Jia 等[29]得到了不同深度煤样损伤的声发射特征和时空演化规律。尹光志等[30]建立了脆性煤岩的损伤本构模型,对脆性煤岩的损伤力学特性进行了研究。李波波[31]在不同开采方式下的加卸载实验中进行了三种不同卸载速率条件下的实验研究,分别探讨了煤岩的变形特性、渗透特性等损伤演化规律及煤岩变形与渗透率关系。翟盛锐[32]基于煤岩损伤统计特征及 Drucker-Prager 破坏准则,分析得出了煤岩在单轴压缩载荷作用下的损伤演化本构模型。郭海防[33]分析了孔隙水压力对煤岩加载损伤过程和煤岩变形强度的影响。杨小彬等[34]推导并建立了煤岩非线性损伤演化方程和煤岩非线性损伤本构方程。

在覆岩采动裂隙动态分布规律方面：C. S. Zheng 等[35]采用相似模拟等研究方法，对深部开采大倾角煤层覆岩的裂隙演化特征进行了研究。J. K. Xu 等[36]通过可视化和图像处理技术，揭示了深部煤岩变形的裂隙演化规律。梁涛等[37]研究了采动影响下上覆岩层的裂隙演化及渗透特性变化规律。徐刚等[38]分析了特厚煤层采动覆岩裂隙分布特征，并采用UDEC数值模拟软件划分出了采动覆岩“三带”具体范围。汪文勇等[39]结合数字图像相关技术，针对预裂煤岩体裂隙演化特征开展了实验研究。李宏艳等[40]利用分形理论进行了采动条件下裂隙场演化相似模拟实验研究。王新丰等[41]探讨了采动应力场、覆岩位移场及顶板裂隙场的动态响应机制。高喜才等[42]研究了复合型水体下综放工作面采动过程中覆岩垮落带与裂缝带裂隙、导水通道形成、分布特征。李树刚等[43]分析了采动后覆岩关键层活动特征对裂缝带分布形态的影响。米文瑞[44]从理论上分析了离层产生的力学机理，根据离层和地表形态特征建立了覆岩离层发展与地表动态下沉的关系模型，并采用数值模拟方法，研究覆岩位移场、应力场、位移矢量场的分布规律，进一步验证离层的扩展规律和覆岩移动特征。

1.2.3 瓦斯吸附-解吸-渗流特性影响因素研究现状

研究瓦斯在煤岩体中运移规律先要掌握煤吸附-解吸瓦斯的机理，煤体对瓦斯的解吸过程是扩散过程与渗流过程共存的物理现象。

在煤体瓦斯吸附理论研究方面：T. Yang 等[45]开展了不同温度、煤阶和平衡压力条件下的瓦斯吸附实验，建立了不同煤样瓦斯吸附与温度的关系。S. Y. Wu 等[46]对不同气体的吸附微观机制进行了研究。刘佳佳等[47]采用核磁共振实验系统研究了深部低阶煤的瓦斯吸附特性。高建良等[48]利用低场核磁共振技术研究了水分对无烟煤瓦斯吸附特性的影响。肖晓春等[49]研究了瓦斯吸附作用下的煤岩力学行为及声-电荷反演规律。李树刚等[50]采用吸附动力学模型，探讨了温度对煤吸附瓦斯动力学特性的影响。秦跃平等[51]设计了封闭空间内煤粒瓦斯变压吸附实验，并构建了煤粒瓦斯变压吸附数学模型，实验结果与理论计算相吻合。刘志祥等[52]研究了煤体表面结构的分形特征，并将二维平面吸附推广到分形表面吸附，得到了基于热德布罗意波长的分形维数。位乐[53]推导了煤中瓦斯的多层吸附理论，并采用此理论对煤的瓦斯吸附实验规律进行了拟合分析。张哲等[54]得到了煤体孔隙分布特征和瓦斯吸附动力学曲线，并分析了吸附压力、吸附量及吸附速率随时间的变化规律。马金魁[55]建立了双一阶函数组合模型，对煤对瓦斯的吸附过程进行了计算分析。夏慧等[56]分析了不同温度下瓦斯的吸附量、等量吸附热、朗缪尔吸附常数、初始有效扩散系数及扩散动力学参数变化特征。郭德勇等[57]研究了构造应力作用对煤中芳香片层造成的动力损伤以及对瓦斯吸附的影响。李东等[58]利用沁水盆地大宁煤矿的原生煤和构造煤系列等温吸附实验数据求得了各自温度-压力-吸附之间的相互关系。吕宝艳等[59]以沁水盆地和鄂尔多斯东缘为研究对象，建立了煤储层瓦斯吸附量模型，预测了煤储层瓦斯吸附量。程波等[60]研究了煤层软、硬分层吸附瓦斯性能差异性及其对瓦斯赋存的影响。陈向军等[61]研究了孔隙结构分形特征对瓦斯吸附特性的影响。邢萌等[62]研究了软硬煤瓦斯吸附特性，分析了其孔隙结构特征，从煤体微结构层面揭示了软硬煤的瓦斯吸附控制机理。杨涛等[63]研究了煤体瓦斯吸附过程中的温度变化规律。王晓东[64]研究了含水量对煤体瓦斯解吸特性的影响。

马树俊等[65]开展了低温变温条件下煤样吸附瓦斯全过程实验研究,并分析了降温过程中煤样瓦斯吸附量变化特征。王晨曦等[66]采用低温液氮实验研究了构造煤的纳米级孔隙结构特征,并利用等温吸附实验解释构造煤纳米孔隙与瓦斯吸附能力的关系。徐佑林等[67]利用核磁共振技术研究了煤体在不同压力条件下吸附瓦斯特性及煤体孔隙结构变化特征。G. X. Kang 等[68]研究发现电化学改性后煤样对甲烷的最大吸附量降低;且随着电势梯度的增大,煤样对甲烷的吸附量下降幅度增大。X. Cui 等[69]测定了静爆前后甲烷吸附量和吸附率的变化状况并分析了静爆材料改善瓦斯运移的原因。

在煤体瓦斯解吸理论研究方面:国内外学者取得了不少煤的瓦斯解吸规律成果。K. Z. Zhang 等[70]研究了含水煤孔隙结构对瓦斯解吸的影响。李祥春等[71]研究了不同煤阶煤样孔隙结构表征及其对瓦斯解吸扩散的影响。王兆丰等[72]揭示了温度对含瓦斯煤粒扩散动态过程的影响机理,结果表明温度改变了瓦斯在煤粒中的扩散能力。杨涛等[73]研究了吸附平衡压力、温度和煤样粒径与有效扩散系数的关系。张萍[74]针对潘集深部煤样,进行了现场地勘钻孔解吸实验和室内等温吸附解吸实验。张宪尚[75]为研究常用瓦斯解吸经验模型对解吸量预测的准确性,对几种常用经验模型预测煤屑瓦斯解吸量进行了分析。刘义孟等[76]通过钻屑解吸指标与煤层瓦斯压力及采动应力与煤层裂隙发育之间定性关系的理论推导分析,构建了采动应力与煤体钻屑瓦斯解吸指标之间的定性关系。尹金辉[77]以阳煤五矿 15 号煤煤样为研究对象,进行了不同吸附和解吸温度条件下煤屑瓦斯解吸量及恒温和变温吸附解吸条件下煤样罐中煤屑瓦斯解吸过程中温度变化的研究。王圣程等[78]以平顶山矿区低渗透性煤体为研究对象,研究了不同温度和瓦斯平衡压力对瓦斯的解吸速率的影响。

在瓦斯吸附解吸对煤体变形影响的研究方面:Z. Majewska 等[79]分析了瓦斯在煤体中吸附解吸全过程,开展了煤体的变形及声发射规律实验研究。C. Ö. Karacan[80]认为在一定的自由体积条件下,煤宏观自由分子结构会发生弛豫或膨胀。S. Day 等[81]开展了瓦斯及其混合气体吸附过程中煤体的变形特征研究。宋志敏等[82]进行了平衡水分条件下不同类型变形煤体吸附解吸实验。梁冰等[83]指出在同一压力水平条件下,煤体吸附瓦斯膨胀变形呈各向异性。祝捷等[84]提出瓦斯吸附/解吸产生的膨胀/收缩变形呈各向异性,吸附压力越大,瓦斯解吸时煤的收缩变形越明显。张遵国等[85-86]认为原煤吸附膨胀和解吸收缩变形均呈各向异性,但型煤均近似各向同性,并进行了软煤吸附解吸变形差异性实验研究。郭平[87]开展了不同瓦斯压力条件下的煤体吸附解吸变形实验研究。聂百胜等[88]研究表明,煤样吸附膨胀应变率和解吸收缩应变率绝对值均随时间延长而逐渐减小,直至达到相对稳定的变形量;应变-时间关系均服从朗缪尔方程;煤样解吸收缩变形与原始瓦斯压力呈幂函数关系。刘延保[89]研究了含瓦斯煤体的微细观变形及破坏朗缪尔过程。张遵国[90]以含瓦斯煤体作为研究对象,以煤的孔隙特征、显微和大分子结构特征分析以及实验装置和实验方法的研发为基础,研究了瓦斯作用下煤的吸附/解吸变形特征及相关因素的影响规律。Y. B. Zhou 等[91]研究表明,孔隙变形不是引起解吸滞后的主要因素。D. Zhou 等[92]建立了一个统一的方程来准确描述和预测煤结构在瓦斯吸附过程中的复杂变形。J. Zeng 等[93]研究发现,当气体从裂缝壁扩散到基质中时,气体吸附在页岩颗粒上,这种吸附可能导致基体膨胀。

1.2.4 煤的渗透率模型及流固耦合模型研究现状

瓦斯抽采是降低煤层瓦斯含量、减少回采过程瓦斯涌出量和防治瓦斯事故的有效手段,而煤层渗透率是影响瓦斯抽采效果的重要因素。国内外专家学者针对煤层的渗透特性开展了大量的研究工作，在煤层瓦斯流固耦合模型构建方面取得了丰硕的研究成果。

在煤的渗透率模型研究方面：W. K. Sawyer 等[94]通过研究提出了煤层渗透率的动态演化模型，通过构建数学模型来精确呈现煤体渗透率演化规律。I. Palmer 等[95]建立了 P-M 模型，该模型考虑单轴应变的边界条件，系统研究了在不同边界条件下煤中瓦斯运移特性。J. H. Li 等[96]基于煤的应力应变关系以及煤裂隙与基质的相互作用，建立了考虑不同应力条件的渗透率模型。J. Zhao 等[97]建立了考虑有效应力和水合物饱和度演化的修正 Masuda 渗透率模型，用于计算降压过程中的动态渗透率。J. S. Liu 等[98]定义了煤体弹性模量与煤基质模量的比值，通过弹性模量折减比建立了一个渗透率模型来定义气体吸附诱导的渗透率的演化过程。蒋长宝等[99]基于应变探讨了瓦斯压力和应力作用对煤体裂隙变形和渗透率的影响，构建了基于瓦斯压力-裂隙及应力-裂隙耦合的煤体渗透率理论模型。张宏学等[100]考虑气体在基质中的动力学扩散作用，基于储层的应力-应变本构关系和渗透率-孔隙率的立方关系，提出了储层的有效应力渗透率模型。臧杰等[101]构建了有效应力变化和瓦斯吸附/解吸双重作用下的煤层正交各向异性渗透率演化模型，推导了立方型和指数型两种模型表达式并对其可靠性进行了验证。张浩浩等[102]基于现有的基质瓦斯渗流流固耦合模型，考虑煤岩渗透率的各向异性特征，建立了煤岩渗透率各向异性耦合模型，分析了煤岩渗透率各向异性特征和基质瓦斯渗流对瓦斯抽采的影响。李波波等[103]建立了吸附模型并计算了吸附变形量，进而量化了吸附作用对渗透率的贡献情况，在此基础上构建了应力滑脱效应耦合作用的各向异性渗透率模型。亓宪寅等[104]基于煤体结构各向异性的特征，建立了基于结构异性比的煤体各向异性渗透率模型，推导出含瓦斯煤各向异性气-固耦合控制方程。X. Wei 等[105]基于煤基质各向异性的特征建立了考虑不同基质结构的流固耦合方程，研究煤的各向异性渗透率对煤层气采收率的影响。Z. J. Pan 等[106]将吸附膨胀引起表面能的变化等同于煤体弹性能的变化，考虑煤体膨胀力的各向异性建立了不同煤阶煤渗透率模型。

在煤层瓦斯流固耦合模型研究方面：赵向东等[107]为了优化抽采钻孔布置方式，基于统计损伤力学原理修正了水力压裂后煤体有效应力值，建立了描述煤层在水力压裂过程中特征的流固耦合模型。许克南等[108]基于上覆岩层压力、地应力、煤层瓦斯压力的分布情况建立了关于钻孔瓦斯抽采的渗流动态流固耦合模型。胡国忠等[109]根据低渗透性煤层的瓦斯渗流特性，建立了煤层瓦斯渗流方程与煤体的变形场方程，引入煤体孔隙率的动态变化模型，推导得到了低渗透性煤层与瓦斯的流-固动态耦合模型。卢义玉等[110]建立了高压水射流割缝后低渗透性煤层瓦斯渗流的流-固耦合模型，研究考虑 D-P 准则条件下低渗透性煤层渗流特性。周军平等[111]建立了考虑煤基质收缩效应的煤层孔隙率和渗透率理论模型，基于该模型研究低透气性煤层瓦斯吸附解吸特性。尹光志等[112]通过在多孔介质的有效应力原理中考虑瓦斯吸附膨胀应力，建立了含瓦斯煤岩固气耦合情况下的骨架可变形性和气体可压缩性的固气耦合模型。杨天鸿等[113]引入应力损伤与透气性演化的耦合作用方程，建立了含瓦斯煤岩破裂过程固气耦合作用模型，分析深部瓦斯抽采过程中煤层透气性的演化规律。O. O. Adeboye 等[114]定量分析了储层压力和瓦斯解吸引起的体积应变对渗透率变化的影响，并提出了基于应力应变的流固耦合模型。Y. X. Chen 等[115]根据煤储层的真三轴应力状态，建立了考虑有效应力、吸附解吸和不同含水率的瓦斯渗流的流固耦合模型。林柏泉等[116]考虑地应力、瓦斯压力及初始渗透率等因素对有效抽采半径的影响，基于煤体各向异性建立了瓦斯抽采过程煤体应变场和瓦斯渗流场的耦合方程。赵宇[117]考虑煤层裂隙的结构异性、煤层弹性参数的各向异性和吸附膨胀变形的各向异性，建立了煤层各向异性渗透率演化模型。梁冰等[118]基于裂隙/孔隙瓦斯吸附解吸扩散及煤岩损伤等过程建立了多场耦合渗流模型，研究煤层瓦斯渗流特性。

1.2.5 煤层瓦斯抽采数值模拟研究现状

我国低渗透性煤层大多存在"三高一低"的煤层瓦斯赋存特点，各种因素错综复杂导致煤层瓦斯赋存及瓦斯运移难以预测，而开展数值模拟是研究深部煤层动态损伤及瓦斯渗流的重要技术手段之一。目前，国内外许多专家学者在煤层瓦斯抽采模拟研究方面做了许多研究工作，取得了大量的研究成果[119-120]。

李波[121]建立了巷道周围煤体渐进破坏的软化模型，利用数值模拟分析不同条件下巷道周围煤体不同区域应力分布及渗透率变化规律。李祥春等[122]采用有限元法和有限差分法相结合的方法对模型进行离散化处理，并对其进行模拟求解，与未考虑吸附膨胀应力的模型进行对比分析。段淑蕾等[123]利用模拟软件探究含水煤岩在有效应力与动态滑脱效应综合作用下的渗透率演化规律，进一步量化不同有效应力和含水率下煤岩渗流特性。闫志铭[124]以正交各向异性煤层渗透率演化模型为基础建立理论模型，模拟分析了弹性模量、朗缪尔吸附应变常数、初始孔隙率、初始渗透率各向异性对顺层钻孔预抽煤层瓦斯的影响规律。刘厅[125]构建了应力-损伤-扩散-渗流多场耦合模型，揭示了瓦斯抽采过程中钻孔周围瓦斯及空气流场的时空演化规律。Y. Y. Lu 等[126]建立了钻孔水力压裂后煤层瓦斯流动的多物理场耦合模型，分析了煤层瓦斯压力的变化规律和渗透率的演化规律。J. Lin 等[127]对富含瓦斯的煤层进行了注氮气瓦斯抽采的模拟，建立了混合气体的运移模型，研究不同瓦斯含量条件下的抽采方式及布孔方位。A. T. Zhou 等[128]建立了深部煤层气-固耦合模型，探索了高瓦斯煤防突的有效方法。J. P. Wei 等[129]分析了瓦斯抽采过程中有效应力的变化及煤基质解吸对煤体孔隙率影响的作用机理，研究煤层瓦斯分布规律。B. Li 等[130]推导出考虑滑脱效应的渗透率和孔隙率的演化模型，用仿真软件进行了二维建模。P. Wei 等[131]建立了考虑煤基质蠕变特性的流固耦合模型，并进行数值模拟研究蠕变现象对煤中瓦斯运移的影响。

刘泽源等[132]基于型煤实验进行数值模拟研究，对修改朗缪尔公式前后的煤层气抽采过程进行对比分析。孙可明等[133]针对深部煤层处在较高地应力和孔隙压力下的环境，通过数值模拟对深部低渗透性井群开采煤层气进行系统研究，得到了不同渗透率和不同井群间距条件下开采煤层气的储层压力、甲烷浓度和水饱和度的变化规律。陈金刚等[134]利用数值模拟软件，采用分段拟合的方法对煤层气井的产气、产水过程进行拟合与修正，进而对煤岩储层渗透率在采动过程中的变化规律进行了探讨。张先敏[135]建立了考虑井筒压降影响的煤层气羽状水平井开采数学模型并进行模型求解，利用模型分析影响煤层气羽状水平井开采的各种因素，揭示了煤层气羽状水平井的增产机理。张力等[136]建立了煤层气扩散渗流数学物理方程，进行了数值模拟计算，模拟后的煤层气压力变化曲线可以确定煤层气的开采压力变化范围和煤层气产气最大面积。石军太等[137]将建立的煤储层渗透率模型引入前期编制的煤层气井动态分析软件中，系统分析了煤粉堵塞参数对煤储层渗透率及煤层气井生产动态的影响。刘卫群等[138]基于双重介质理论，引入裂隙法向弹性模量和渗透率各向异性特征，开展针对页岩气储层的渗流数值模拟，模拟结果表明储层压力沿 3 个主渗透系数方向非均匀分布。臧杰[139]利用数值模拟软件对垂直井煤层气干气开采过程进行数值模拟，分析了开采过程中煤层气在煤层中的流动规律。

1.3 主要研究内容及技术路线

1.3.1 主要研究内容

煤层裂隙发育程度及层理构造共同决定着煤层渗透率的各向异性。裂隙是煤体发生渗流的主要场所，不同的层理构造有着不同方向的裂隙，不同方向的裂隙使流体在煤层中的流动有了方向性。本书采集焦煤集团中马村矿的新鲜煤块，按照与煤层层理夹角分别为 0°、30°、45°、60°和 90°钻取 ϕ25 mm×50 mm 的圆柱体原煤煤样，分别标记为 ZM1、ZM2、ZM3、ZM4 和 ZM5，以与煤层层理夹角不同来表征煤的各向异性。

(1) 高阶煤的微观结构及力学特性和声发射特征实验研究

选取典型矿井高阶煤煤样，在工业参数分析的基础上，通过扫描电镜、压汞测试、低温液氮吸附和低场核磁共振等定性定量实验，研究煤的孔径分布、孔隙/裂隙类型及组合等发育特征，定量评价各向异性低渗透性煤层煤的微观结构特征。利用力学特性和声发射特征实验研究各向异性高阶煤在单轴压缩条件下的抗压强度和破坏特性及在单轴压缩条件下的声发射特征。

(2) 各向异性高阶煤瓦斯吸附低场核磁共振实验研究

以平行层理煤样 ZM1(与层理夹角为 0°)、垂直层理煤样 ZM5(与层理夹角为 90°)和斜交层理煤样 ZM2、ZM3 和 ZM4(与层理夹角为 30°、45°和 60°)为研究对象，利用改造后的低场核磁共振实验系统开展不同围压下的瓦斯吸附核磁共振实验研究，从煤的微观结构变形、吸附量、吸附平衡时间等方面研究各向异性高阶煤瓦斯吸附规律及特征；根据低场核磁共振横向弛豫 T_2 谱的变化规律，结合核磁共振体积-容量测试方法，分析煤层瓦斯在不同尺度孔隙间的运移机理以及吸附作用对煤微观结构变形的影响机制。

(3) 各向异性高阶煤瓦斯渗流实验研究

在对各向异性煤岩的物性参数和力学参数进行测试的基础上，结合煤岩三轴吸附-解吸-渗流实验系统开展力学路径 1(恒轴压卸围压)和力学路径 2(同时加轴压卸围压)下的各向异性高阶煤瓦斯渗流实验研究，研究各向异性高阶煤在不同力学路径下渗透率的变化规律，建立有效应力、差应力与渗透率之间的函数关系，分析各向异性高阶煤在两种力学路径下的渗透率演化差异性。

(4) 各向异性煤岩渗透率演化模型及流固耦合模型构建

从孔隙率定义出发，建立各向异性、有效应力、瓦斯压力压缩、吸附膨胀和克林肯贝格效应影响的孔隙率演化模型；以 Kozeny-Carman 方程为桥梁，推导出各向异性含瓦斯煤渗透率演化模型；引入太沙基有效应力原理，建立渗透率与有效应力的关系，以应力平衡方程、本构方程和几何方程为基础，建立应力损伤煤岩控制场方程；以质量守恒方程、运动方程和气体状态方程为基础，建立瓦斯渗流控制方程，通过方程联立求解，建立应力场、变形场、渗流场等多物理场流固耦合模型。

(5) 各向异性煤岩瓦斯渗流特性的数值模拟研究

基于焦煤集团中马村矿现场实际情况，利用多物理场耦合数值模拟软件 COMSOL Multiphysics，结合构建的各向异性煤岩渗透率演化模型及流固耦合模型，开展本煤层顺层钻孔瓦斯抽采的数值模拟研究，验证构建的各向异性含瓦斯煤渗透率演化模型及流固耦合模型的正确性。

1.3.2 研究技术路线

首先，查阅大量文献，掌握煤层瓦斯赋存、煤层瓦斯吸附及损伤渗流国内外研究现状，为实验开展做好准备。然后采集新鲜煤块并制备煤样，结合岩石力学、弹性力学、损伤力学、渗流力学和吸附解吸动力学进行理论分析；完成煤样的工业参数分析和煤的微观孔隙测试实验；进行各向异性高阶煤单轴压缩力学特性和声发射特征实验研究；开展各向异性高阶煤在不同围压下的低场核磁共振实验研究，来探究煤层瓦斯吸附的规律；开展各向异性高阶煤在力学路径 1(恒轴压卸围压)和力学路径 2(同时加轴压卸围压)下的瓦斯渗流实验研究，建立考虑各向异性、有效应力、瓦斯压力压缩、吸附膨胀和克林肯贝格效应影响的各向异性煤岩渗透率演化模型及流固耦合模型。最后进行本煤层顺层钻孔瓦斯抽采的数值模拟研究。

具体研究技术路线如图 1-1 所示。

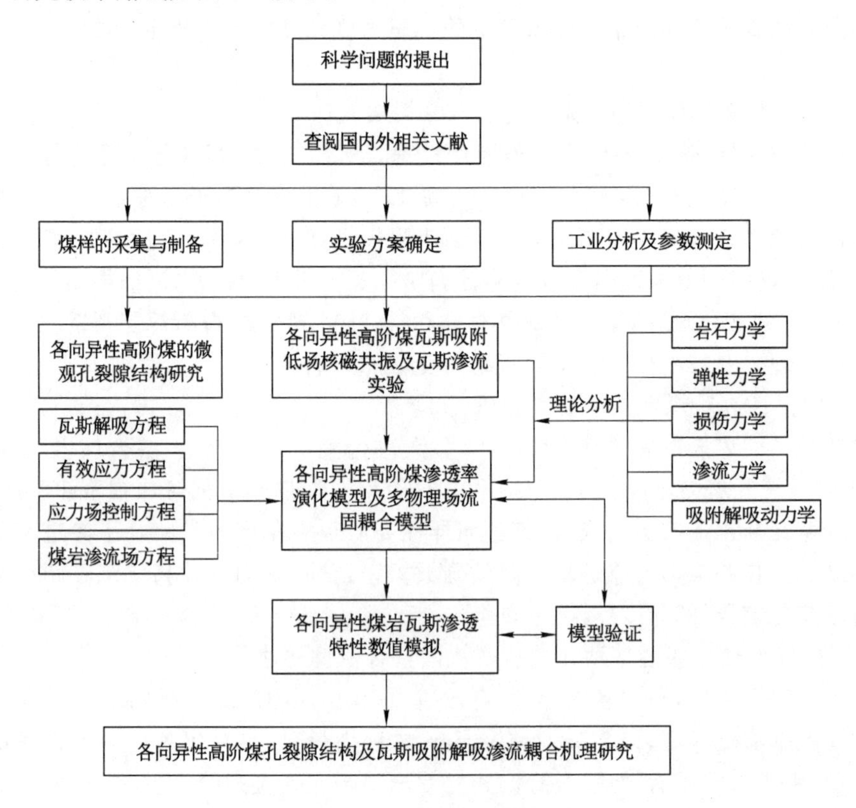

图 1-1　研究技术路线

1.3.3 创新之处

① 分析焦煤集团中马村矿高阶煤的微观结构，对比不同方法表征煤微观结构的差异性，定量评价高阶煤的微观结构特征。利用改造后的低场核磁共振实验系统，揭示不同围压下各向异性高阶煤 T_2 谱及瓦斯吸附量随时间的变化特征，分析从低围压到高围压过程中各向异性高阶煤瓦斯吸附增量变化规律，研究各向异性高阶煤吸附峰和游离峰面积随围压的变化规律。

② 分析各向异性高阶煤的单轴抗压强度和破坏特性以及破坏过程中声发射特征；利用煤岩三轴吸附-解吸-渗流实验系统，研究各向异性高阶煤在不同力学路径下的瓦斯解吸规律以及渗流特性。

③ 构建低渗透性煤层在卸压条件下各向异性、有效应力、瓦斯压力压缩、吸附膨胀和克林肯贝格效应影响的渗透率动态演化模型；结合煤岩变形控制场方程和瓦斯渗流场方程，建立各向异性煤岩多物理场流固耦合模型，并基于构建的数学模型进行数值模拟研究，从理论和实验角度验证所构建模型的可靠性。

2 实验系统搭建及前期准备

本书主要采用单轴压缩力学特性和声发射特征实验系统、低场核磁共振实验系统和煤岩三轴吸附-解吸-渗流实验系统来进行实验，单轴压缩力学特性和声发射特征实验系统可以研究煤岩在单轴压缩下的破坏特性以及声发射特征，低场核磁共振实验系统可以进行不同围压下的瓦斯吸附实验，煤岩三轴吸附-解吸-渗流实验系统可以通过改变轴压和围压模拟煤样的应力环境，研究成果可为瓦斯灾害预防和煤层气的开采利用奠定理论基础。

2.1 低场核磁共振实验系统

2.1.1 低场核磁共振理论概述

核磁共振是指原子核被磁场磁化，对射频的响应。如果原子核的中子数和质子数有一项或两者均为奇数，就具备产生核磁共振信号的条件。如氢原子核、碳原子核、氮原子核等。由于氢原子核在自然界内含量丰富且易检测，几乎所有的核磁共振技术都以氢原子核的响应为基础。低场核磁共振就是采用较低磁场强度的核磁共振。弛豫是指原子核发生共振，由高能状态迅速变为低能状态。岩石孔隙中的流体有三种不同的弛豫机制，分别是自由弛豫、表面弛豫和扩散弛豫[47]，其横向弛豫时间表达式为：

$$\frac{1}{T_2}=\frac{1}{T_{2B}}+\frac{1}{T_{2S}}+\frac{1}{T_{2D}} \tag{2-1}$$

式中，T_{2B}为自由弛豫时间；T_{2S}为表面弛豫时间；T_{2D}为扩散弛豫时间。

由于本次实验环境采用均匀磁场，基于核磁共振的原理公式(2-1)可以修正为：

$$\frac{1}{T_2}=\rho_2\left(\frac{S}{V}\right) \tag{2-2}$$

式中，ρ_2 为岩石的横向表面弛豫强度，μm/ms；S 为孔隙的表面积，μm^2；V 为孔隙的体积，μm^3。由式(2-2)可知横向弛豫时间 T_2 与孔隙半径 r 呈正比关系。

$$r=CT_2 \tag{2-3}$$

式中，r 为孔隙半径；C 为转换系数；T_2 为横向弛豫时间。

2.1.2 实验系统和参数设置

采用苏州纽迈分析仪器股份有限公司生产的 MesoMR23-060H-I 型低场核磁共振系统[该设备的共振频率为 21.676 MHz，磁场强度为 0.5 T，磁体温度恒定在(32±0.01) ℃，射频脉冲频率为 21.676 MHz]对煤样进行实验。实验设备系统图如图 2-1 所示。

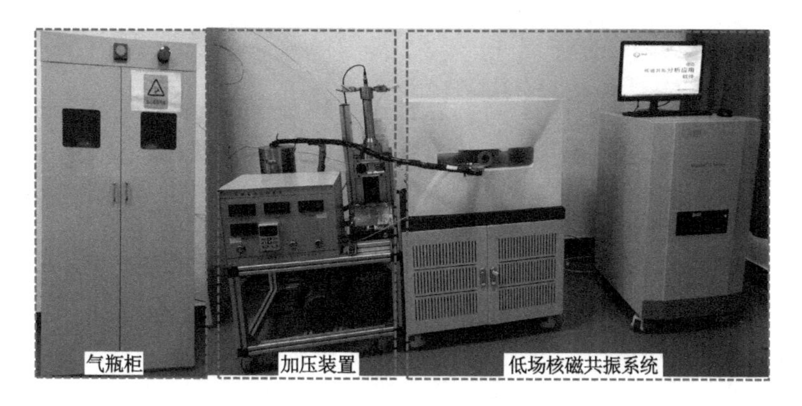

图 2-1 低场核磁共振实验设备系统图

实验煤样夹持器选择 MesoMR-25 mm 和 MesoMR-60 mm-jia 夹持器，其照片如图 2-2(a)和图 2-2(b)所示。

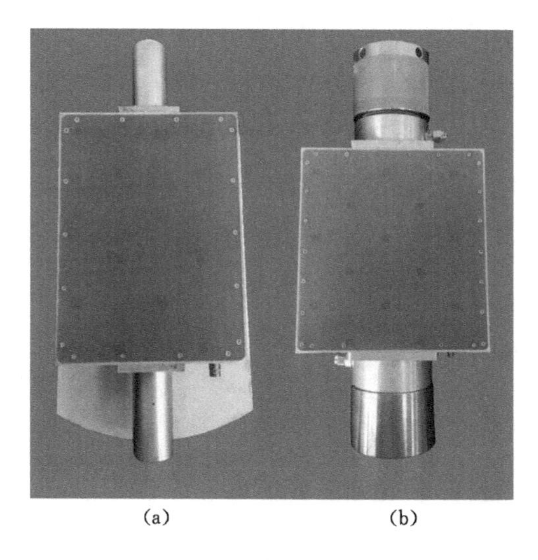

(a) (b)

图 2-2 低场核磁共振实验煤样夹持器

实验参数设置如表 2-1 所示。

表 2-1 低场核磁共振系统主要参数设置

SW/KHz	SF/MHz	RFD/ms	PRG/dB	TW/ms	NS/次	TE/ms	NECH/个	RG1/dB	DRG1/dB
250	21	0.08	1	5 000	64	0.251	10 000	15	3

如表 2-1 所示，SW 为信号采样时，接收机接收的信号频率范围；SF 为射频信号频率的主值；RFD 为采样起始点控制参数；PRG 为前置放大增益，范围为 1～3 dB；TW 为重复采样间隔时间；NS 为累加采样次数；TE 为回波时间；NECH 为回波个数；RG1 为模拟增益；DRG1 为数字增益。

2.1.3 谱面积换算模型的搭建

① 首先将承压空管放入夹持器中，然后放入垫片，最后将夹持器的堵头安装好。

② 将设备管路连接完好，利用加压装置给承压空管加 3 MPa 围压，打开通往大气的阀门，打开气体阀门，通入压力为 1.5 MPa 的氦气，1 min 后关闭通往大气的阀门（此步骤旨在去除管路中的含氢气体）。

③ 继续通气，使管路中的气体压力稳定在 1.5 MPa，此时关闭气体阀门，再停 10 min 后记录气体压力；若气体压力变化小于 0.01%，则认为此管路气密性良好。

④ 利用真空泵对管路进行抽真空 15 min，去除管路中的气体。

⑤ 打开瓦斯气瓶的阀门，向管路中通入纯度为 99.9%的瓦斯，依次将瓦斯压力设置为 0.33 MPa、0.74 MPa、1.10 MPa、1.47 MPa 和 1.98 MPa，并用低场核磁共振系统测试每个瓦斯压力下的 T_2 谱图，测量结果如图 2-3 所示。

理想气体状态方程为：

$$pV = \frac{m}{M}RTZ \tag{2-4}$$

式中，p 为瓦斯压力，MPa；V 为测得的夹持器内放置测试样品的体积，cm^3，为 16.85 cm^3；m 为物质的质量，g；M 为物质的摩尔质量，g/mol；R 为摩尔气体常数，8.314 J/(mol · K)；T 表示绝对温度，K；Z 为压缩因子。

由式(2-4)可得不同瓦斯压力下对应的瓦斯质量。将实验所得的 T_2 谱面积和瓦斯质量进行拟合，拟合结果如图 2-4 所示。

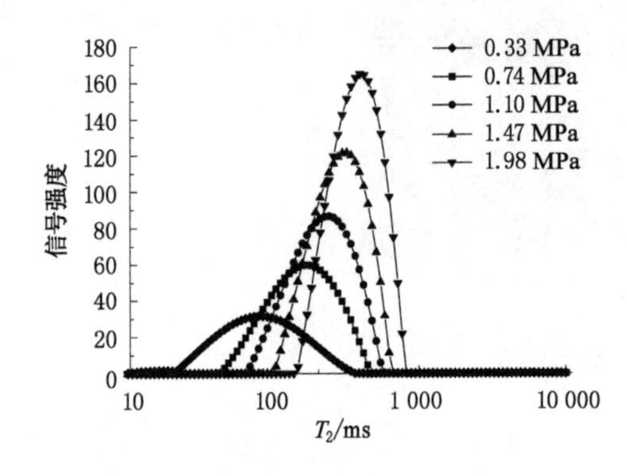

图 2-3 不同瓦斯压力下的 T_2 谱图

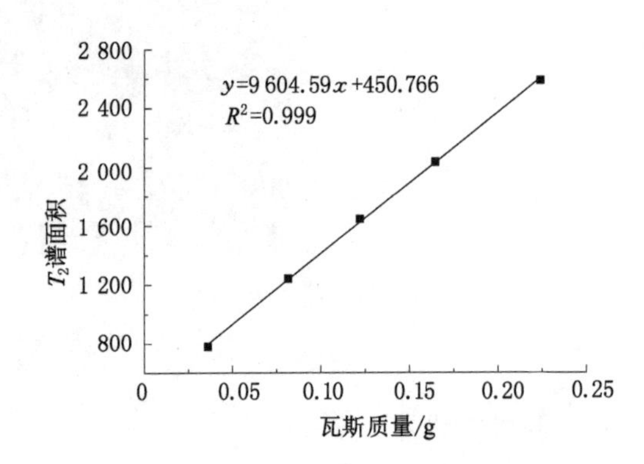

图 2-4 T_2 谱面积与瓦斯质量的关系

由图 2-4 可知，T_2 谱面积和瓦斯质量的转化关系为 $y=9\ 604.59x+450.766$。

2.2 单轴压缩力学特性和声发射特征实验系统

目前，声发射技术在煤矿动力灾害预测方面得到了广泛的应用。声发射技术可以反映煤岩的破坏过程。声发射所产生的信号和煤岩损伤演化的过程密切相关，可以通过对声发射信号的分析推断煤岩内部微观结构的变化规律。利用单轴压缩系统和声发射系统研究各向异性高阶煤在单轴压缩下的损伤过程[90]。

煤岩体在力的作用下发生变形和破坏，以应力波的形式释放应变能，这就叫声发射。声发射技术是依靠岩石发声来探测其内部状态和力学性质的一种技术。当岩石受外界应力作用发生变形时，岩石中原来存在的或者新产生的裂缝周围应力集中；当外界应力增加到一定程度时，在有裂缝缺陷区域发生微观屈服或变形，裂缝扩展，从而使得应力弛豫，一部分贮存能量将以声波的形式释放出来。通过声发射技术，我们可以了解岩石内部裂缝的发育状态。

声发射系统的基本参数有事件数、振铃计数、撞击计数、事件计数、幅值、能量计数、持续时间[90]。产生声发射的一次材料局部变化称为一个声发射事件，事件数可分为总事件数和事件率，总事件数是指累计的声发射次数，事件率是指单位时间内的声发射次数。超过门槛值的电信号的每一次振荡叫作一个振铃计数。事件信号检波包络线下的面积叫作能量计数，它可以用来鉴别波源的类型，分为总计数和计数率。信号第一次越过门槛值到最终降至门槛值所经历的时间叫作持续时间。对各向异性高阶煤进行单轴压缩和声发射实验，实验设备如图 2-5 和图 2-6 所示。

图 2-5　声发射采集装置

图 2-6　单轴压缩实验设备系统图

2.3 煤岩三轴吸附-解吸-渗流实验系统

煤岩三轴吸附-解吸-渗流实验系统主要由瓦斯气瓶、主控面板、静态应变测试仪、数据采集系统、围压泵、轴压泵以及抽真空装置组成。其中,主控面板包括夹持器、控温装置、流量计、压力表和管阀件等。煤岩三轴吸附-解吸-渗流实验系统可以对装在夹持器中的煤样加载轴压和围压,可以通过改变轴压和围压改变煤样所处的应力环境。此外,该系统可以通过柔性加热棉以及温度传感器使煤样处于设定的温度,从而更好地模拟煤体在矿井所处的温度环境。煤岩三轴吸附-解吸-渗流实验系统如图 2-7 所示。

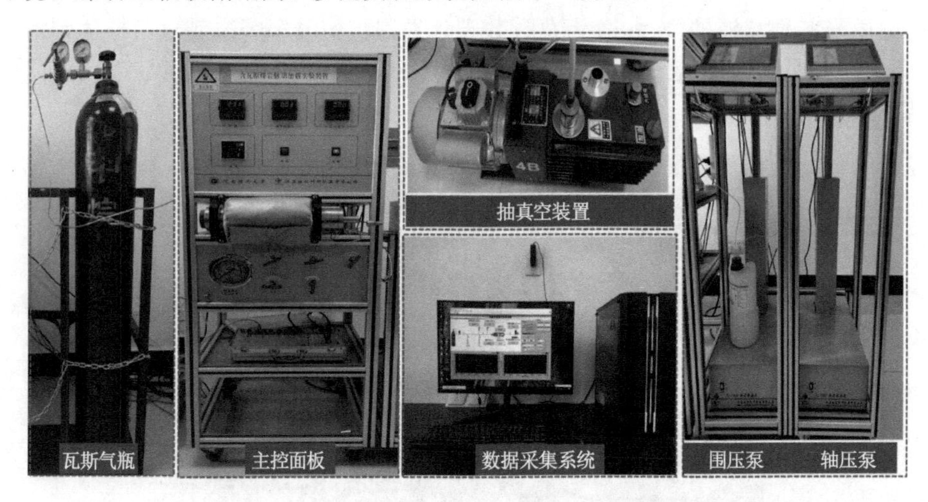

图 2-7　煤岩三轴吸附-解吸-渗流实验系统

2.4 煤样制备

2.4.1 煤样的采集及制作

首先采集焦煤集团中马村矿的新鲜煤块,然后按照与煤的层理夹角分别为 0°、30°、45°、60°和 90°钻取 ϕ25 mm×50 mm 的圆柱体原煤煤样,分别标记为 ZM1、ZM2、ZM3、ZM4 和 ZM5,最后将制作好的煤样用保鲜膜密封备用。将制备好的煤样分为三类:平行层理煤样 ZM1(与层理夹角为 0°)、垂直层理煤样 ZM5(与层理夹角为 90°)和斜交层理煤样 ZM2、ZM3 和 ZM4(与层理夹角为 30°、45°和 60°)。

煤样的制作过程如图 2-8 所示。

2.4.2 煤样的工业参数分析

将制作好的煤样留作实验备用,将不能制作成圆柱体煤块的新鲜小煤块进行煤岩显微组分测试,测试结果如表 2-2 所示。

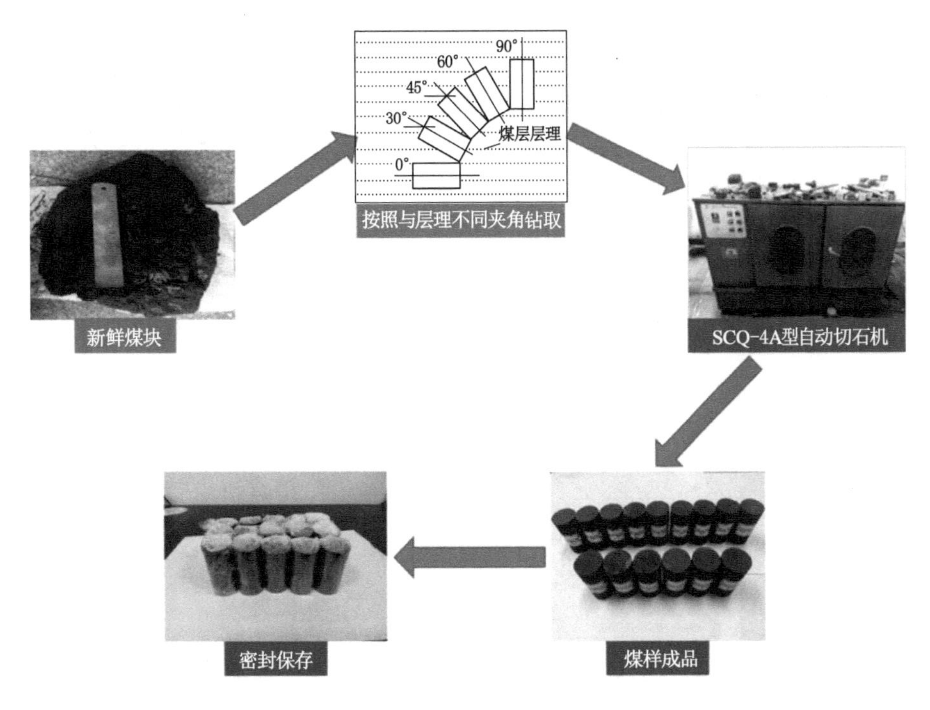

图 2-8 煤样制作过程

表 2-2 煤岩显微组分测试结果

镜质组含量/%	惰质组含量/%	有机成分总量/%	黏土类矿物含量/%	硫化物含量/%	碳酸盐含量/%	无机成分总量/%	镜质组平均最大反射率 R_{max}/%
61.7	25.3	87.0	10.9	0.1	2.0	13.0	3.31

对 ZM1、ZM2、ZM3、ZM4 和 ZM5 煤样的基本参数进行测试，结果如表 2-3 所示。

表 2-3 煤样的基本参数

煤样编号	高度/mm	直径/mm	体积/mL	自然状态下质量/g	干燥后质量/g
ZM1(0°)	49.46	25.46	25.17	39.78	38.97
ZM2(30°)	49.51	25.50	25.27	37.08	36.88
ZM3(45°)	49.55	25.48	25.25	35.80	35.64
ZM4(60°)	49.57	25.51	25.32	37.85	37.49
ZM5(90°)	49.61	25.48	25.28	36.45	36.02

2.5 本章小结

针对本书的研究内容，本章主要开展了以下准备工作：

① 完成焦煤集团中马村矿平行层理煤样 ZM1、垂直层理煤样 ZM5 和斜交层理煤样

ZM2、ZM3 和 ZM4 的制备。

② 搭建了低场核磁共振实验系统，为开展各向异性高阶煤在不同围压下的瓦斯吸附低场核磁共振实验做好准备；搭建了单轴压缩力学特性和声发射特征实验系统以及煤岩三轴吸附-解吸-渗流实验系统，为各向异性高阶煤单轴压缩力学特性和声发射特征实验以及各向异性高阶煤瓦斯渗流实验做好准备。

3 高阶煤的微观孔隙结构及力学特性和声发射实验研究

煤具有复杂的孔隙结构，不同煤阶的煤的孔隙结构不同。掌握煤的孔隙结构对分析煤层瓦斯的运移规律有重要的意义。研究煤孔隙结构的方法较多，有定性分析法，如扫描电镜观察法等；还有定量测试法，如高压压汞测试法、低温液氮测试法、低场核磁共振(low nuclear magnetic resonance，LNMR)测试法等。其中，采用LNMR测试法研究煤的孔隙结构具有检测迅速且精度高、对检测样品无损伤等优点。声发射技术可以探测煤岩的破坏过程，它所产生的信号和煤岩的损伤过程密切相关，这些信号可以用来反演煤岩内部的微观结构的变化规律。

3.1 高阶煤微观结构扫描电镜测试

扫描电镜是一种对样品的表面结构特征进行定性观测的设备。测试时，首先用扫描电镜的光学系统中的电子枪激发出的电子束对已经用重金属覆盖表面的测试样品进行轰击并产生二级电子，产生的二级电子会被检测系统集中并且转化为电信号，最终将形成测试样品的扫描图像。通过观察图像可以分析测试样品的表面结构特征。实验采用 Merlin Compact 型扫描电镜，扫描电镜测试系统如图 3-1 所示。

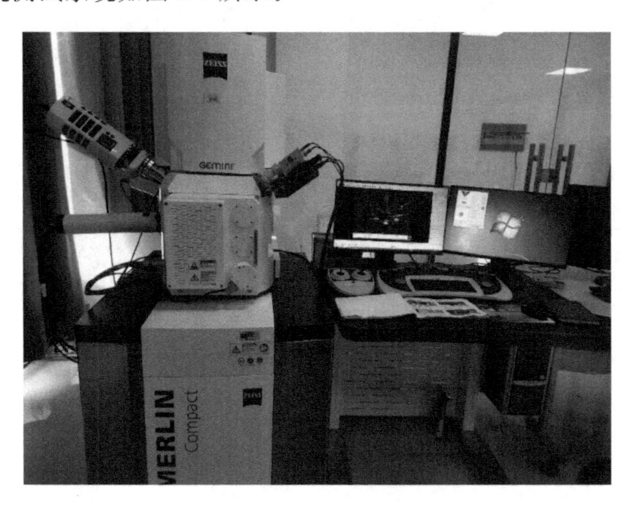

图 3-1 扫描电镜测试系统

将采集的新鲜煤样做成小块，大小约为 3～6 mm。用扫描电镜观察煤样之前要先进行喷金处理。实验的喷金装置如图 3-2 所示。

喷金后的煤样表面覆盖有重金属，可以与扫描电镜中的电子系统产生的电子束作用产生二级电子。喷金后的煤样如图 3-3 所示。

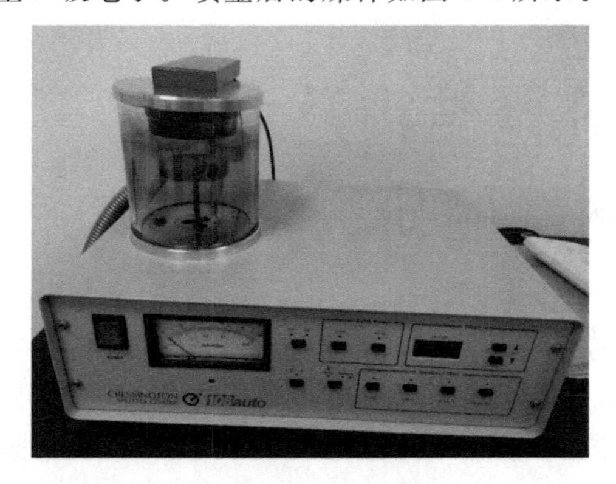

图 3-2　喷金装置

图 3-3　喷金后的煤样

利用扫描电镜分析煤的微观结构，可以较为直观地看到煤中孔隙和裂隙的分布以及发育情况。煤样放大 200 倍、500 倍、2 000 倍、5 000 倍和 10 000 倍得到的测试结果如图 3-4 所示，从图中可以清晰地看到不同形状的孔隙和裂隙分布。分析图 3-4 可知，所测煤样的微米级孔隙发育，且孔的形态不一，有椭圆形、梨形等形状，微米级及微米级以下孔隙是瓦斯吸附的主要场所。由图 3-4 可知裂隙有两种形态：一种是裂隙分布近似呈直线且裂隙之间有小颗粒分布，这类裂隙的连通性较差，如图 3-4(b)所示；另一种是裂隙开裂笔直且缝隙之间几乎没有颗粒分布，这类裂隙的连通性较好，如图 3-4(c)所示。

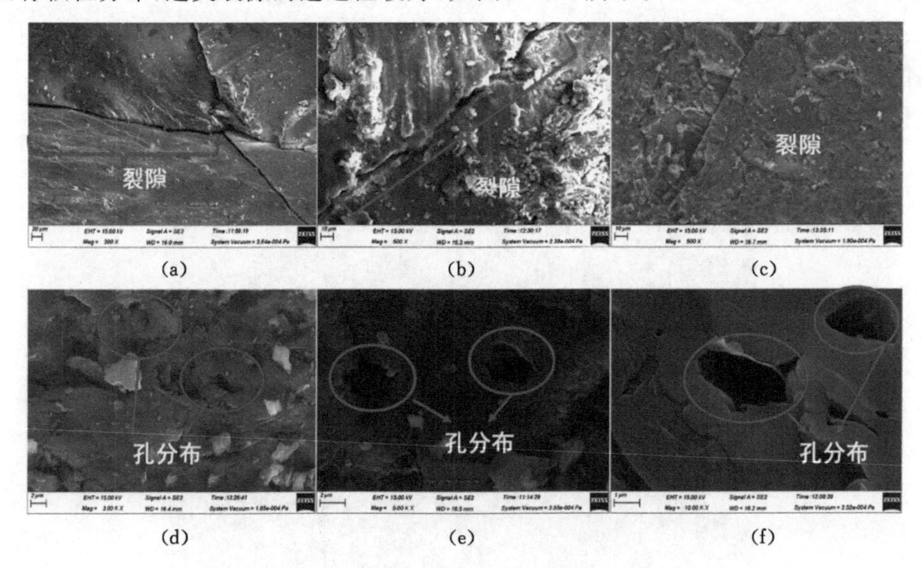

图 3-4　扫描电镜测试的煤岩微观结构

3.2　高阶煤微观结构定量分析

在定量测试煤的微观结构的技术手段中，液氮吸附法主要针对孔径为 2～300 nm 的孔进行测试，压汞法主要针对孔径为 5～360 000 nm 的孔进行测试，低场核磁共振法主要针对孔径为 0～10^5 nm 的孔进行测试。综合分析，低场核磁共振法的测试范围最广。

3.2.1 高阶煤的微观结构压汞实验

压汞法是运用仪器将汞压入被测样品来研究其孔隙特征的一种方法。汞通过压汞仪被压入样品中时要克服液态汞的表面张力。进汞压力和被压入样品的孔体积之间存在一定的函数关系，假设样品的孔是圆柱形的，则有如下关系：

$$d = -\frac{4\gamma\cos\theta}{p} \tag{3-1}$$

式中，d 为孔隙直径，nm；γ 为液态汞的表面张力，0.485 N/m；θ 为液态汞进入样品时与样品的浸润角（本实验 θ 为 130°）；p 为进汞压力，MPa。

分析图 3-5 可知，退汞曲线有明显的滞后环，表明煤中孔的连通性较差。由压汞实验检测结果得到的煤样总比孔容积为 0.031 6 mL/g，其中微孔、小孔、中孔和大孔的比孔容积分别为 0.012 9 mL/g、0.001 6 mL/g、0.002 6 mL/g 和 0.014 5 mL/g，所占比例分别为 40.82%、5.06%、8.23%和 45.89%。由实验检测结果得到的煤样总比表面积为 4.783 m^2/g，其中微孔、小孔、中孔和大孔的比表面积分别为 0、0.002 m^2/g、0.026 m^2/g 和 4.755 m^2/g，所占比例分别为 0、0.04%、0.54%和 99.41%。

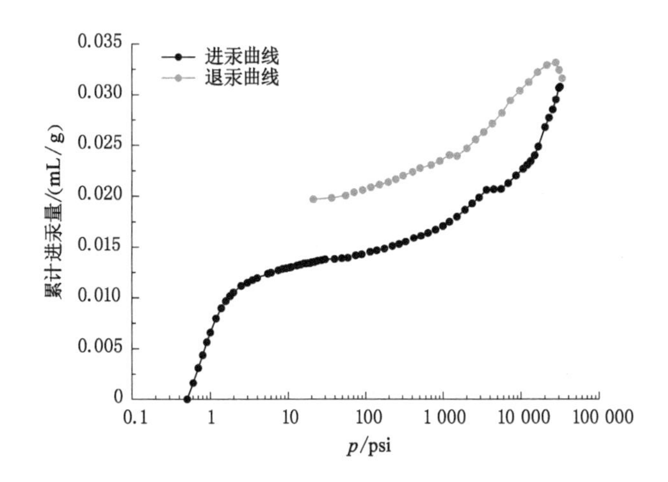

图 3-5 累计进汞量随压力的变化曲线（1 psi≈6 894.76 Pa）

3.2.2 高阶煤的微观结构低温液氮实验

氮气分子进入被测煤样的孔隙，与煤样表面分子产生分子间的作用力，从而产生吸附现象，氮气也会从煤样的表面脱附。氮气的吸附体积与氮气分压比之间符合 BET 模型：

$$\frac{p}{V(p_0 - p)} = \frac{1}{CV_a} + \frac{p(C-1)}{p_0(CV_a)} \tag{3-2}$$

式中，p 为氮气压力，MPa；V 为吸附氮气的体积，mL；p_0 为氮气的饱和蒸气压，MPa；C 为吸附常数；V_a 为单分子吸附量，mL/g。

BET 模型用来计算煤的比表面积，而 BJH 模型可以计算煤的孔半径。BJH 模型如下：

$$r = \frac{-2\gamma V_{N}}{RT\ln p_{M} + 0.354\left(\frac{-5}{\ln p_{M}}\right)^{1/3}} \tag{3-3}$$

式中，r 为孔半径，nm；γ 为表面张力，N/m；V_N 为气体的摩尔体积，L/mol；R 为摩尔气体常数，J/(K·mol)；T 为绝对温度；p_M 为相对压力，MPa。

氮气进入被测煤样，在煤样的孔隙中吸附和脱附，从而形成不同的吸附脱附曲线。煤样孔的形态不同，所得到的吸附脱附曲线也不同。低温液氮吸附得到的吸附脱附曲线如图 3-6 所示。

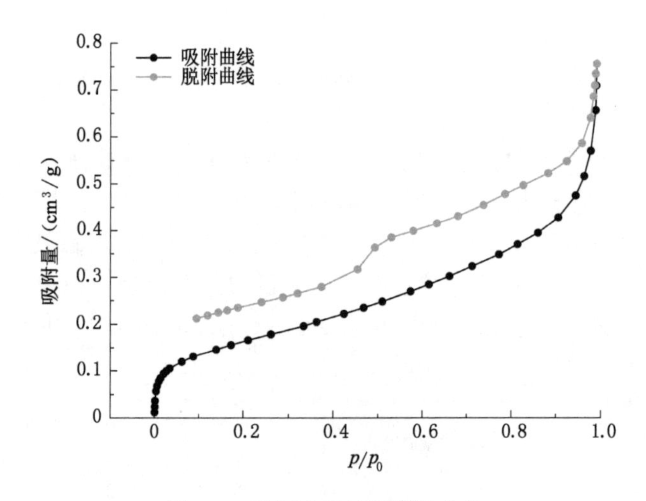

图 3-6　低温液氮吸附脱附曲线

分析图 3-6 可知，吸附曲线前半段上升缓慢，液氮的吸附由单分子层吸附向多分子层吸附过渡；当相对压力大于 0.8 时，曲线发生明显变化，上升速度迅速加快，这是因为煤体内较大的孔里发生了毛细凝聚。脱附曲线有明显的滞后环，说明煤中存在开放型孔即两端开口圆筒形孔及四边开放的平行板孔；当相对压力小于 0.5 时脱附曲线出现明显拐点，说明所测煤样微观孔隙发育比较复杂，存在墨水瓶状孔。

3.2.3　高阶煤的微观结构低场核磁共振实验

将前期制备的煤样 ZM1、ZM2、ZM3、ZM4 和 ZM5 进行实验。首先利用低场核磁共振系统测试自然状态煤样的 T_2 谱图分布；然后将煤样 ZM1、ZM2、ZM3、ZM4 和 ZM5 放入真空饱和装置中饱水 12 h，使煤样充分饱水（测得煤样前后两次质量差小于 0.05%），测试饱水状态煤样的 T_2 谱图分布。将饱水后的煤样在 1.38 MPa 的离心力下离心 0.5 h，对离心后的煤样进行核磁共振测试。

测得自然状态下 T_2 谱图如图 3-7 所示，饱水状态下 T_2 谱图如图 3-8 所示，离心后煤样的 T_2 谱图如图 3-9 所示，煤样孔径分布柱状图如图 3-10 所示。

分析图 3-7 至图 3-9 可知，煤样核磁共振测试的 T_2 谱图呈双峰或三峰分布，其中煤样 ZM4 的 T_2 谱图呈三峰分布，ZM1、ZM2、ZM3、ZM4 和 ZM5 的 T_2 谱图呈双峰分布。煤样 ZM1、ZM2、ZM3、ZM4 和 ZM5 的 T_2 谱图第一峰面积分别为 40 999.437、29 781.694、25 264.928、22 693.186、27 466.478，所占比例分别为 98.61%、99.664%、99.524%、97.363%、

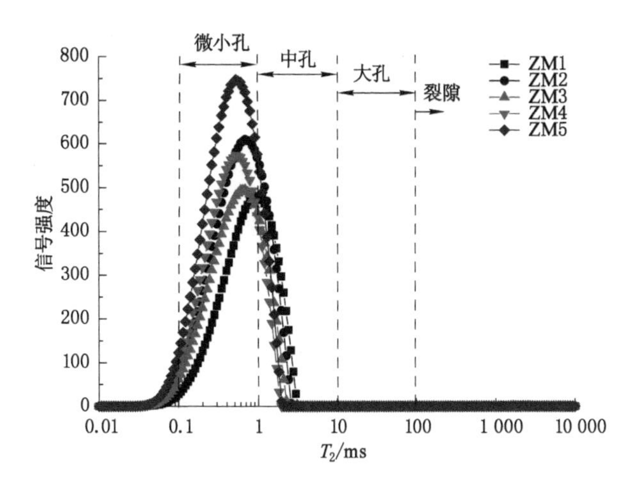

图 3-7 自然状态下煤样的 T_2 谱图

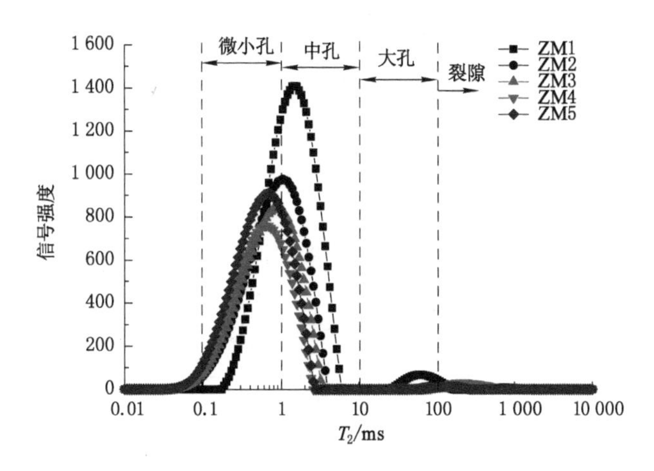

图 3-8 饱水状态下煤样的 T_2 谱图

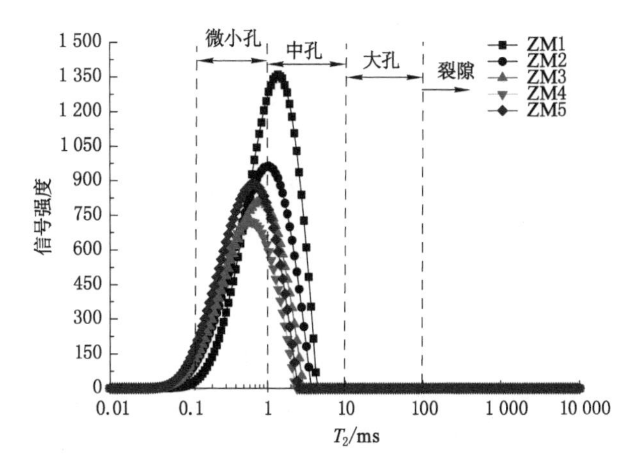

图 3-9 离心后煤样的 T_2 谱图

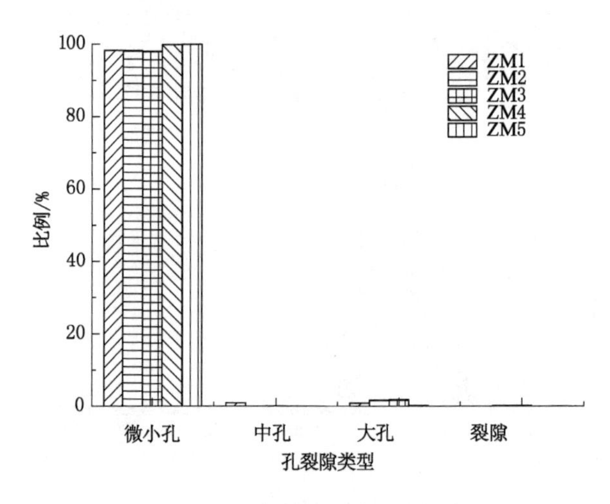

图 3-10　煤样孔径分布柱状图

99.657%；第二峰面积分别为 577.914、100.352、120.783、568.658、99.657，所占比例分别为 1.39%、0.336%、0.476%、2.44%、0.343%；ZM4 的 T_2 谱图第三峰面积为 45.95，所占比例为 0.197%。各向异性高阶煤第一峰面积占比均超过了 97%，其中 ZM2 第一峰面积占比最高，为 99.664%，ZM4 第一峰面积占比最低，为 97.363%；ZM4 第二峰面积占比最高，为 2.44%，ZM2 第二峰面积占比最低，为 0.336%。进一步深入分析可知，各向异性高阶煤的 T_2 谱图分布有一定的相似性，整体呈现微小孔占比较大，中大孔占比次之的规律，这表明各向异性高阶煤微小孔发育，中大孔不发育。实验所用煤样 ZM4 的 T_2 谱图呈现三峰分布，究其原因是煤样的层理结构差异以及煤样制作工艺过程导致一些大孔演变成大的裂隙造成的。

T_2 截止值可以表示为 T_{2C}，T_{2C}的左侧代表吸附孔中的束缚流体，右侧代表渗流孔中的可动流体。我们可以通过 T_{2C}计算实验样品中的束缚流体和可动流体。T_{2C}的求法示意如图 3-11 所示(以煤样 ZM3 为例)。对离心前后的煤样的孔隙率分量作累计曲线，以离心后的累计孔隙率曲线的最大值为基准作一条平行于时间轴的直线(图中用虚线表示)，这条直线与饱和累计孔隙率曲线交于一点，记作点 1；再由点 1 作一条垂直于时间轴的直线，此直线与时间轴相交于点 2，点 2 所对应的时间轴的值即所求的 T_{2C}。

分析图 3-11 和图 3-12 可知，各向异性高阶煤的 T_{2C}有一定差异，按照上述方法求得各向异性高阶煤 ZM1、ZM2、ZM3、ZM4 和 ZM5 的 T_{2C}。与层理夹角和 T_{2C}之间符合指数函数关系，如图 3-13 所示，它们之间的函数表达式为 $y=\exp(1.416\,47-0.021\,39x+1.352\,94\times10^{-4}x^2)$，相关系数 R 为 0.916。由图 3-13 可以看出，随着与层理夹角的增加，T_{2C}呈现先下降后上升的趋势，并且刚开始随着夹角的增加 T_{2C}下降得较快，当 T_{2C}下降到最小值时，随着与层理夹角的增大 T_{2C}开始缓慢上升。

进一步分析图 3-13 可知，各向异性高阶煤孔隙中的水在外界离心力的作用下被甩出的难易程度有所不同。基于前文所述的 T_{2C}的求法，当煤样孔隙中的水所受离心力和重力的合力方向与煤样层理方向接近时，煤样孔隙中的水易被甩出；当煤样孔隙中的水所受离心力和重力的合力方向与煤样的层理方向不一致时，煤样的孔隙壁会给孔隙中水一个反方向的作用力，并且离心力和重力的合力方向与煤样的层理方向偏离越大，水越不易被甩出。

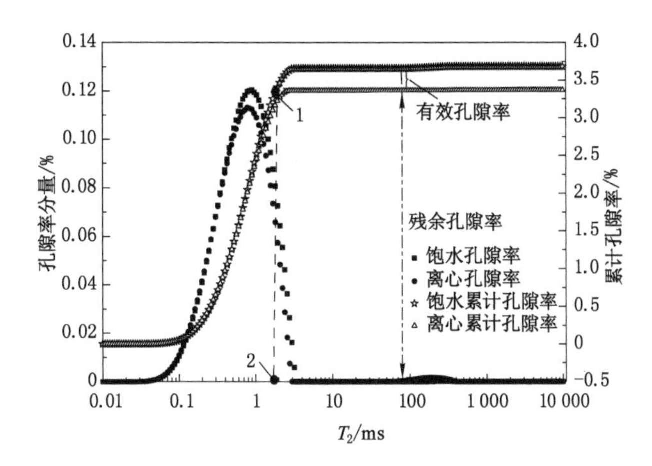

图 3-11　ZM3 煤样 T_{2C} 的求法示意

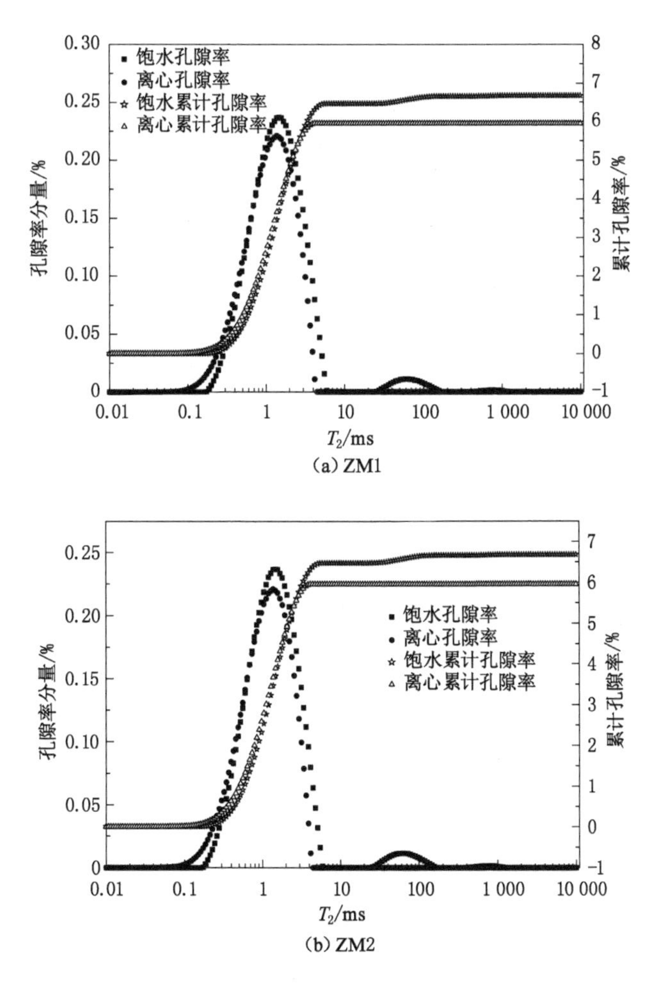

图 3-12　各向异性高阶煤的孔隙率

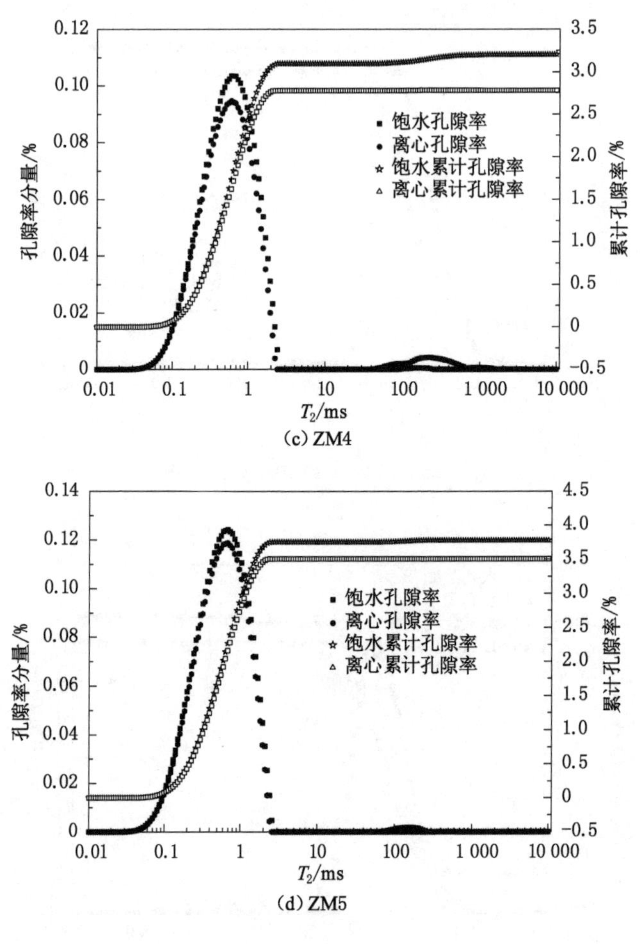

图 3-12(续)

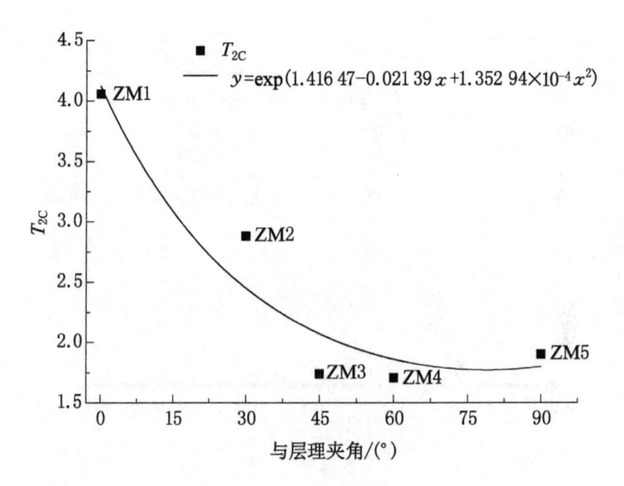

图 3-13　各向异性高阶煤的 T_{2C}

3.3　各向异性高阶煤力学特性及声发射特征实验研究

利用第2章搭建的实验系统，对前期准备所制作的与层理夹角分别为0°、30°、45°、60°和90°的煤样ZM1、ZM2、ZM3、ZM4和ZM5分别进行单轴压缩力学特性和声发射特征实验。实验采用中国科学院武汉岩土力学研究所生产的RMT-150B型岩石力学实验系统，该实验系统主要包括主控计算机、数字控制器、液压控制器、液压源等岩石力学加载实验装置；采用DS5系列声发射分析仪，该仪器主要包括信号采集处理卡、前置放大器、传感器、采集分析软件等。

3.3.1　实验步骤

① 将煤样ZM1两端绑上皮筋固定，然后放置于压力机上，将凡士林涂抹在煤样表面，使声发射探头紧贴煤样表面。

② 开启声发射采集系统，设置采样频率等基本参数，调整传感器的探头，当3 min内没有明显的背景实验时，可以开始实验。

③ 启动压力机，设置相关参数，准备就绪，开始加载。

④ 实验完成后，先停止声发射信号采集系统，再停止压力加载装置。

⑤ 保存实验数据，记录单轴压缩过程中煤样被破坏的过程。

⑥ ZM1煤样实验完毕，将ZM2、ZM3、ZM4和ZM5煤样重复步骤①—⑤依次进行实验。

3.3.2　实验结果分析

煤样在单轴压缩后出现明显的裂隙，裂隙主要沿着层理的方向扩展，实验后煤样的形态如图3-14所示。

图3-14　单轴压缩后煤样图

由图3-14可知，煤样的破坏沿着层理面，可以看出明显的裂隙。

实验测得煤样的基本物性参数如表3-1所示。

表3-1　煤样基本物性参数测试结果

煤样编号	单轴抗压强度/MPa	应变/($\times 10^{-3}$)	弹性模量/GPa	变形模量/GPa
ZM1	25.832	8.488	3.665	2.823
ZM2	19.128	8.539	3.891	2.579

表 3-1(续)

煤样编号	单轴抗压强度/MPa	应变/($\times10^{-3}$)	弹性模量/GPa	变形模量/GPa
ZM3	6.111	4.879	1.931	1.465
ZM4	7.490	5.802	2.136	1.284
ZM5	28.924	8.734	4.026	2.950

分析表 3-1 可知,与层理夹角不同的煤样的力学特性测试结果是不同的。垂直层理煤样 ZM5 的单轴抗压强度、变形模量最大,分别为 28.924 MPa 和 2.950 GPa。平行层理煤样 ZM1 的单轴抗压强度、变形模量次之,分别为 25.832 MPa 和 2.823 GPa。斜交层理煤样 ZM2、ZM3 和 ZM4 的单轴抗压强度、变形模量的平均值最小,分别为 10.910 MPa 和 1.776 GPa。

对煤样 ZM1、ZM2、ZM3、ZM4 和 ZM5 的应力应变测试结果进行分析,结果如图 3-15 所示。

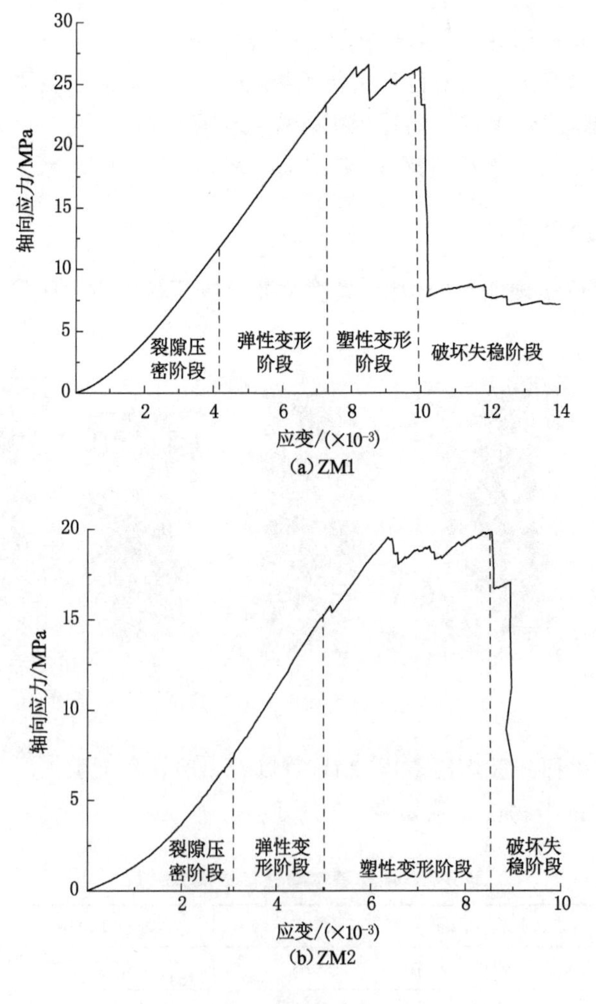

图 3-15　各向异性高阶煤应力应变曲线

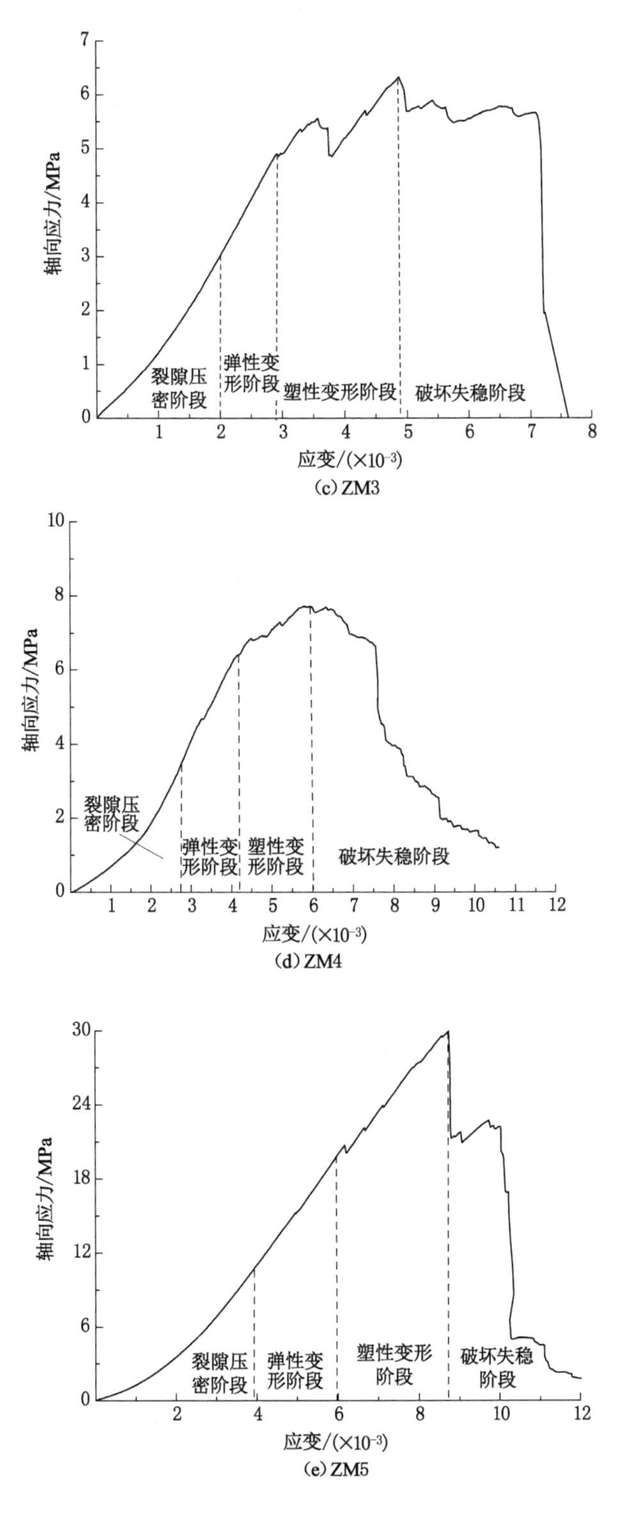

图 3-15(续)

如图 3-15 所示，各向异性高阶煤在单轴压缩实验中从承受压力到失稳破坏过程中经历了四个阶段，分别为裂隙压密阶段、弹性变形阶段、塑性变形阶段和破坏失稳阶段。在裂隙压密阶段，煤样中部分孔在外力作用下压密闭合，从煤样外观观察该阶段没有煤样发生破坏。在弹性变形阶段，轴向应力近线性增加，该阶段以煤样内部裂隙的闭合为主，发生破坏的区域较小。在塑性变形阶段，裂隙开始大量生成贯通。在破坏失稳阶段，煤样的轴向应力上升到最高值后突然降低，应力集中现象消失，煤样发生破坏之后煤颗粒之间接触面积增大。

在进行单轴压缩实验的同时进行煤样的声发射实验研究，实验测得各向异性高阶煤应力-时间-声发射振铃计数关系曲线和应力-时间-声发射事件能量关系曲线如图 3-16 和图 3-17 所示。

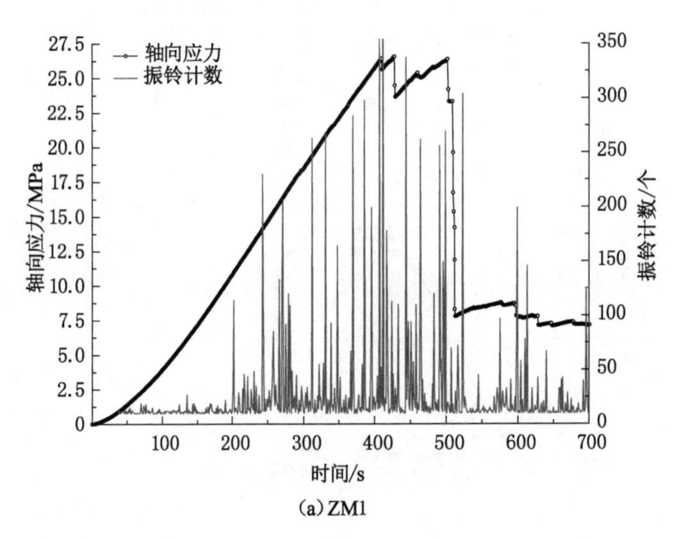

(a) ZM1

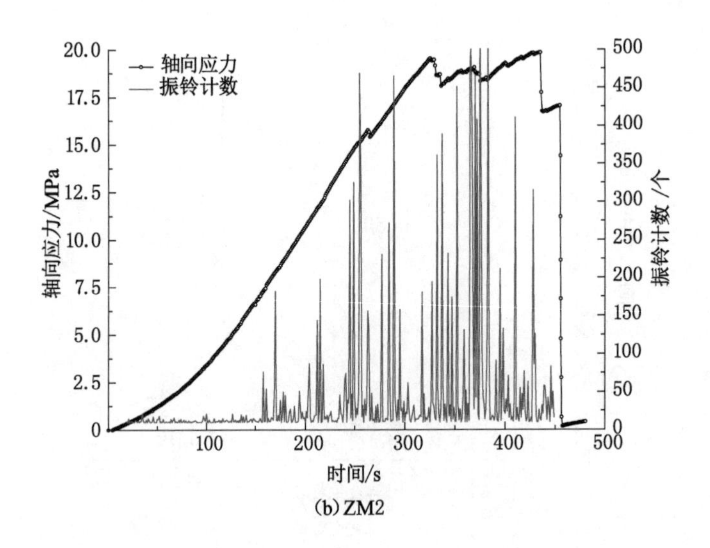

(b) ZM2

图 3-16　各向异性高阶煤应力-时间-声发射振铃计数关系曲线

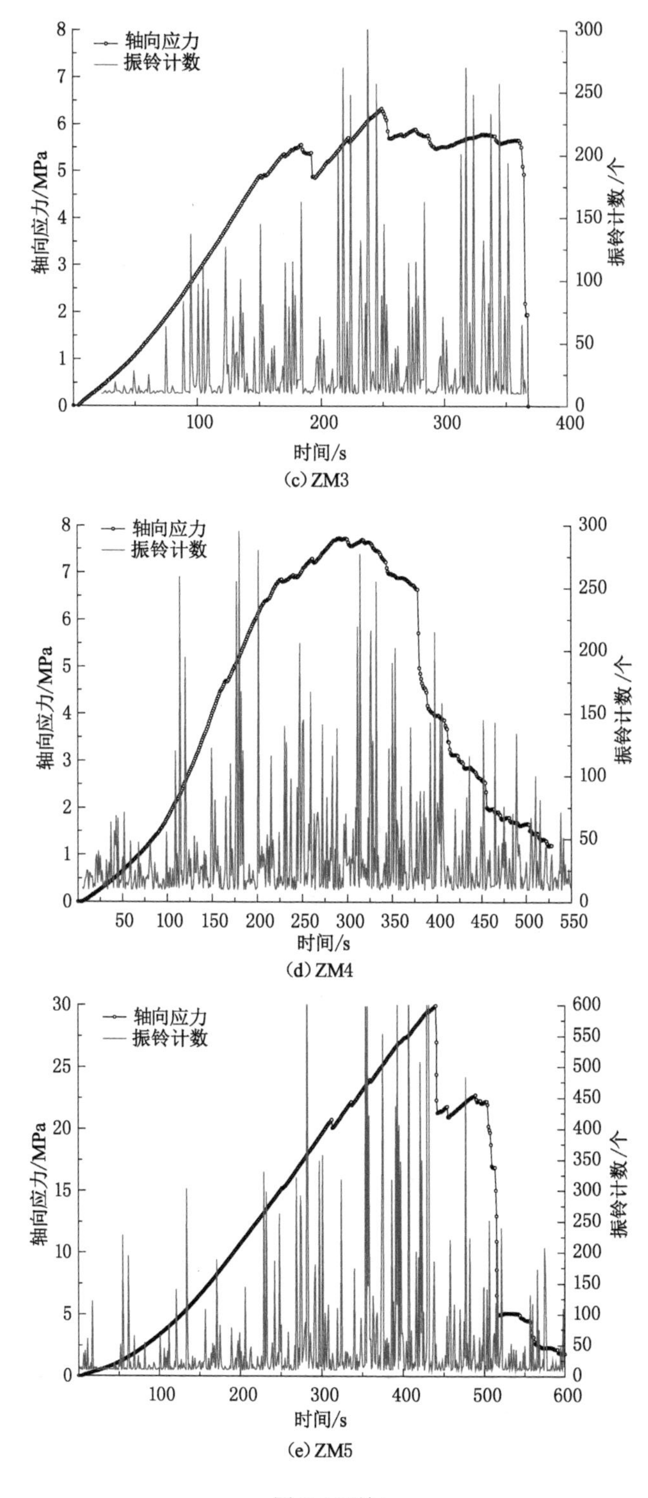

(c) ZM3

(d) ZM4

(e) ZM5

图 3-16(续)

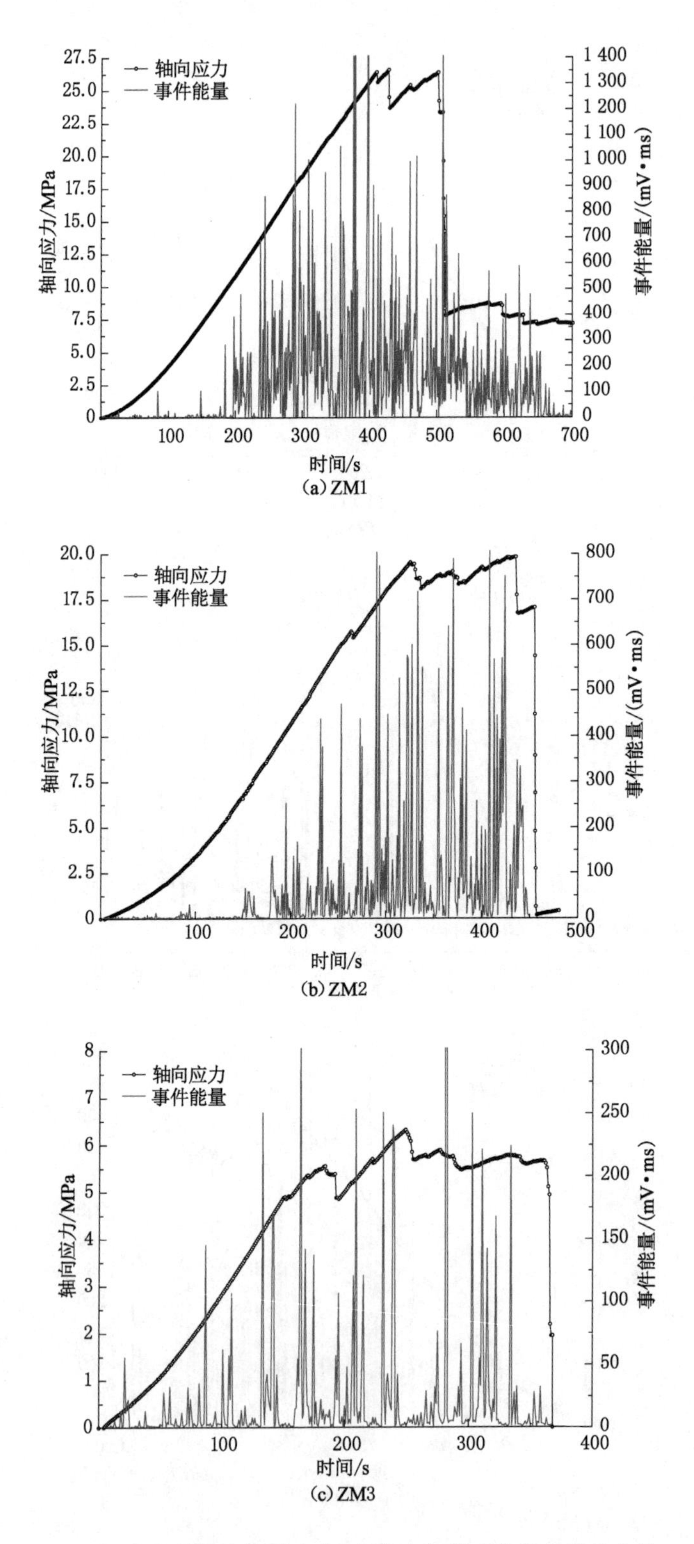

(a) ZM1

(b) ZM2

(c) ZM3

图 3-17 各向异性高阶煤应力-时间-声发射事件能量关系曲线

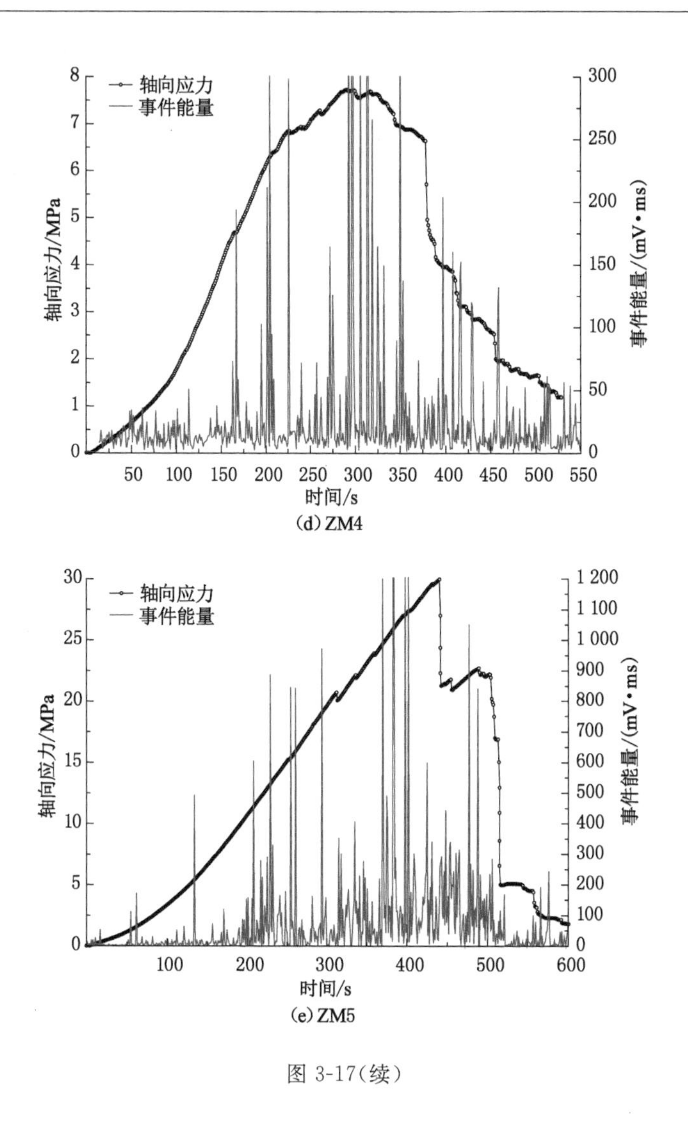

(d) ZM4

(e) ZM5

图 3-17(续)

分析图 3-16 和图 3-17 可知，煤样 ZM1、ZM2、ZM3、ZM4 和 ZM5 的受载时间分别为 700 s、450 s、370 s、550 s 和 600 s。在 495 s、449 s、350 s、300 s 和 410 s 处煤样 ZM1、ZM2、ZM3、ZM4 和 ZM5 轴向应力达到最大值，煤样达到应力承受极限，即将进入破坏失稳阶段。在单轴压缩实验加载初期，产生的裂隙极少，产生的声发射振铃计数以及事件能量也少；当进入弹性变形阶段时，声发射振铃计数以及事件能量逐渐增多；在塑性变形阶段，声发射振铃计数和事件能量呈密集分布，轴向应力逐渐达到最大值；在破坏失稳阶段，轴向应力从最大值突然下降，煤样中产生的裂隙已经贯通，振铃计数和事件能量显著减少。

3.4 本章小结

本章分别采用扫描电镜实验、压汞测试、低温液氮吸附实验和低场核磁共振法定量分析煤岩的微观结构；与此同时，进行了各向异性高阶煤单轴压缩力学特性和声发射特征实验。得到的主要结论如下：

① 中马村矿高阶煤的总比孔容积为0.031 6 mL/g,其中微孔、小孔、中孔和大孔的比孔容积分别为0.012 9 mL/g、0.001 6 mL/g、0.002 6 mL/g和0.014 5 mL/g。脱附曲线有明显的滞后环,且当相对压力小于0.5时脱附曲线出现明显拐点。

② 高阶煤吸附孔最为发育,渗流孔和裂隙相对不发育,且煤样的中大孔和裂隙中的水分最先在外界离心力的作用下被分离,而微小孔中的水分很难被分离。各向异性高阶煤的T_{2C}有一定差异,与层理夹角和T_{2C}之间符合指数函数关系,T_{2C}呈现先下降后上升的趋势,并且刚开始随着夹角的增加T_{2C}下降得较快,当T_{2C}下降到最小值时,随着与层理夹角的增大T_{2C}呈现缓慢上升的趋势。

③ 各向异性高阶煤在单轴压缩力学特性实验加载初期,产生的声发射振铃计数以及事件能量少;进入弹性变形阶段时,声发射振铃计数以及事件能量逐渐增多;在塑性变形阶段,声发射振铃计数和事件能量呈密集分布,轴向应力逐渐达到最大值;在破坏失稳阶段,轴向应力从最大值突然下降,煤中产生的裂隙已经贯通,振铃计数和事件能量显著减少。垂直层理煤样ZM5的单轴抗压强度、变形模量最大,分别为28.924 MPa和2.950 GPa。平行层理煤样ZM1的单轴抗压强度、变形模量次之,分别为25.832 MPa和2.823 GPa。斜交层理煤样ZM2、ZM3和ZM4的单轴抗压强度、变形模量的平均值最小,分别为10.910 MPa和1.776 GPa。煤样ZM1、ZM2、ZM3、ZM4和ZM5的受载时间分别为700 s、450 s、370 s、550 s和600 s,在495 s、449 s、350 s、300 s和410 s处轴向应力达到最大值。

4 各向异性高阶煤瓦斯吸附的低场核磁共振实验研究

煤层中的瓦斯赋存量直接影响煤层中的瓦斯流动以及因此引发的灾害强度。煤层中的瓦斯主要以两种状态存在，一种是吸附态瓦斯，另一种是游离态瓦斯，吸附态瓦斯占煤体瓦斯总含量的80%～90%[92]。煤是一种非均质的各向异性的多孔固体介质[93]，具有很大的比表面积，具有较强的吸附气体的能力。本章以低场核磁共振系统研究各向异性高阶煤瓦斯吸附规律，研究在不同围压下各向异性高阶煤瓦斯吸附量随时间的变化规律以及不同围压下吸附态瓦斯、游离态瓦斯的变化规律。

4.1 实验方案

① 将煤样ZM1、ZM2、ZM3、ZM4和ZM5放入电热鼓风干燥箱中在80 ℃的温度下干燥24 h。

② 安装夹持器，装入煤样ZM1，利用加压装置加围压3 MPa；用真空泵抽真空60 min，管路中的气体压力下降0.1 MPa；抽真空结束后，关闭通往大气的阀门，等待30 min。若管路中的气体压力变化小于0.01%，说明此装置气密性良好。

③ 利用低场核磁共振系统测试煤样ZM1的信号量，作为基底信号。

④ 打开瓦斯气瓶的阀门，向管路中通入压力为1.47 MPa的瓦斯气体，每半小时利用低场核磁共振系统测试一次信号量，当信号量不再增加时说明瓦斯吸附平衡，停止实验。

⑤ 将围压依次设为4 MPa、5 MPa、6 MPa和7 MPa重复步骤②—④。

⑥ 将煤样ZM2、ZM3、ZM4和ZM5重复步骤②—⑤依次进行实验。

4.2 各向异性高阶煤的瓦斯吸附量随时间的变化规律

各向异性高阶煤在不同围压下吸附过程中核磁信号量随时间的变化分别如图4-1至图4-5所示。

分析图4-1至图4-5可知，各向异性高阶煤在不同围压下的吸附规律有一定的相似性，都呈现出随着时间的延长核磁信号量逐渐增加的趋势，并且在吸附初期，核磁信号量增加得较快。这说明刚开始瓦斯吸附的速度很快，随着时间的延长，瓦斯吸附的速度逐渐降了下来，当煤样的核磁信号量不再增加时，煤样瓦斯吸附平衡。出现此现象的原因是，在煤样吸附瓦斯的初期，煤中孔的吸附位较多，煤基质表面与甲烷分子之间的分子作用力大；随着吸附时间的延长，煤中孔的吸附位越来越少，煤基质表面与甲烷分子之间的作用力变小。

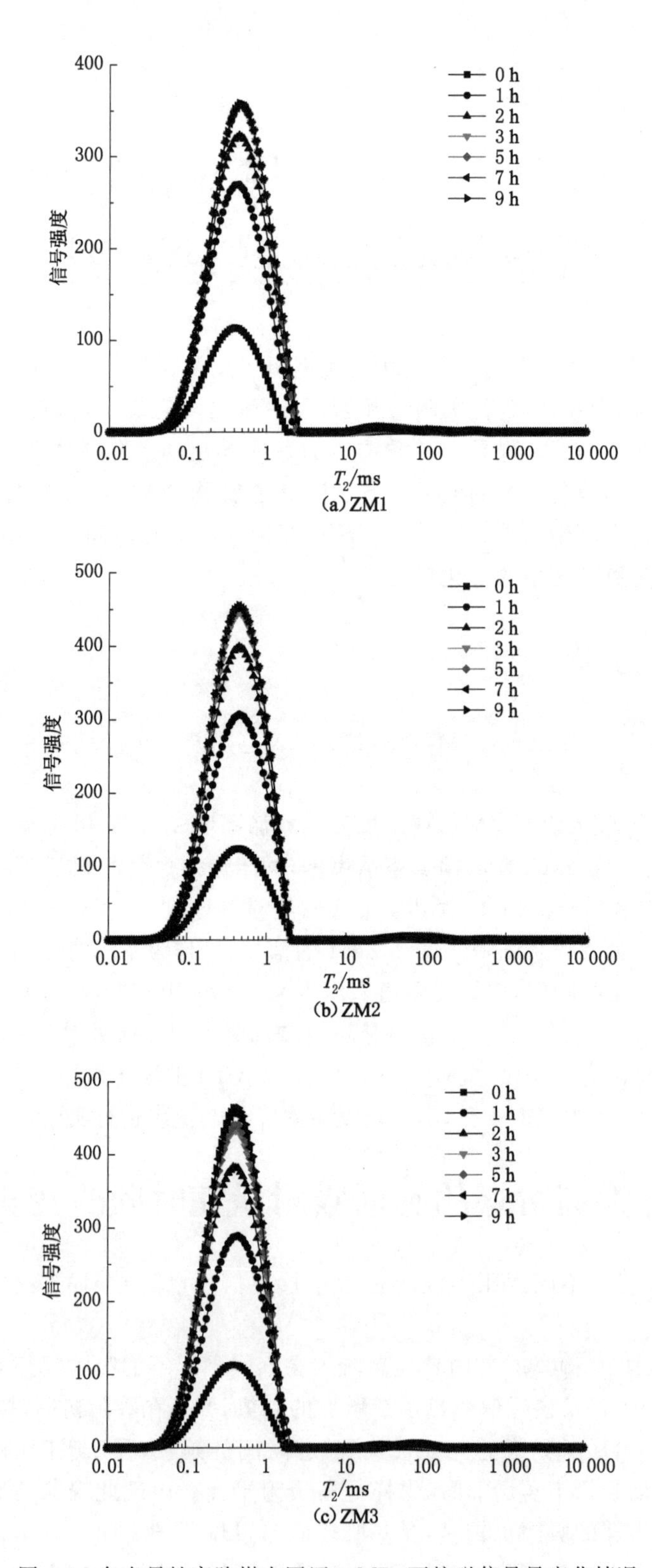

图 4-1　各向异性高阶煤在围压 3 MPa 下核磁信号量变化情况

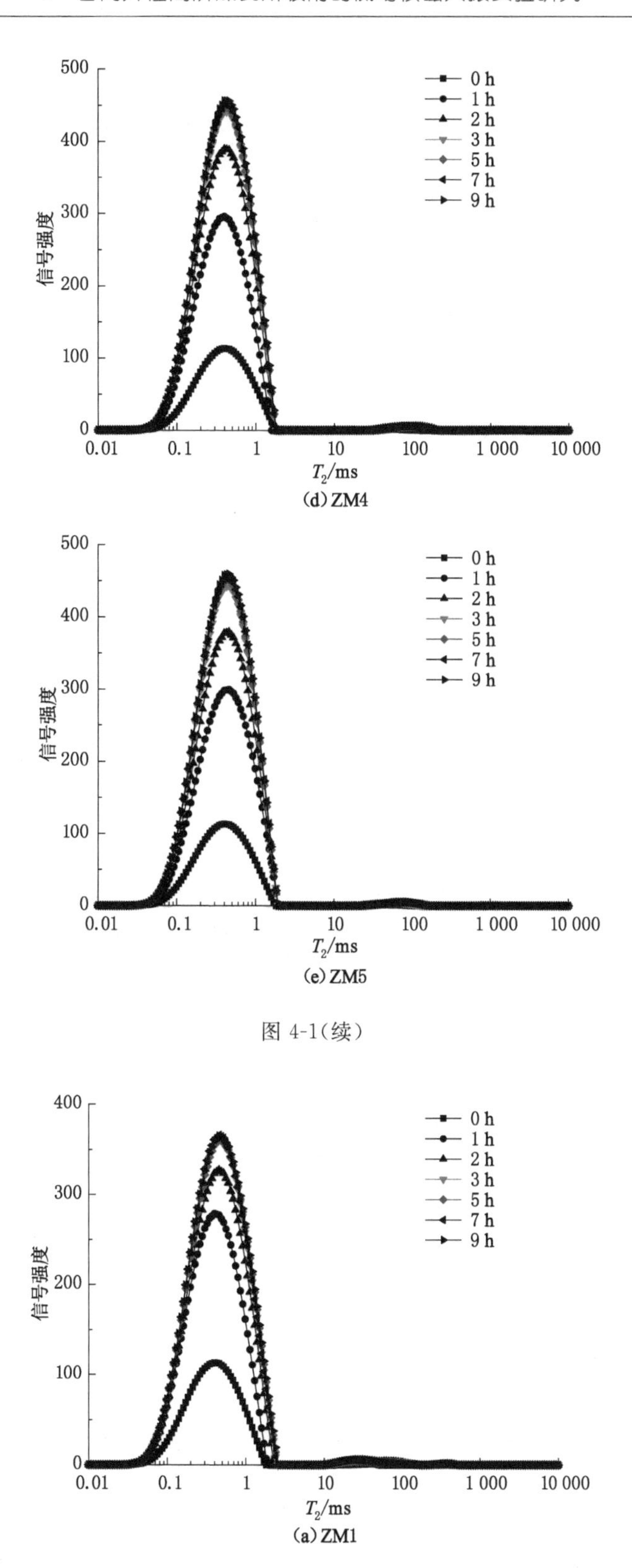

(d) ZM4

(e) ZM5

图 4-1(续)

(a) ZM1

图 4-2　各向异性高阶煤在围压 4 MPa 下核磁信号量变化情况

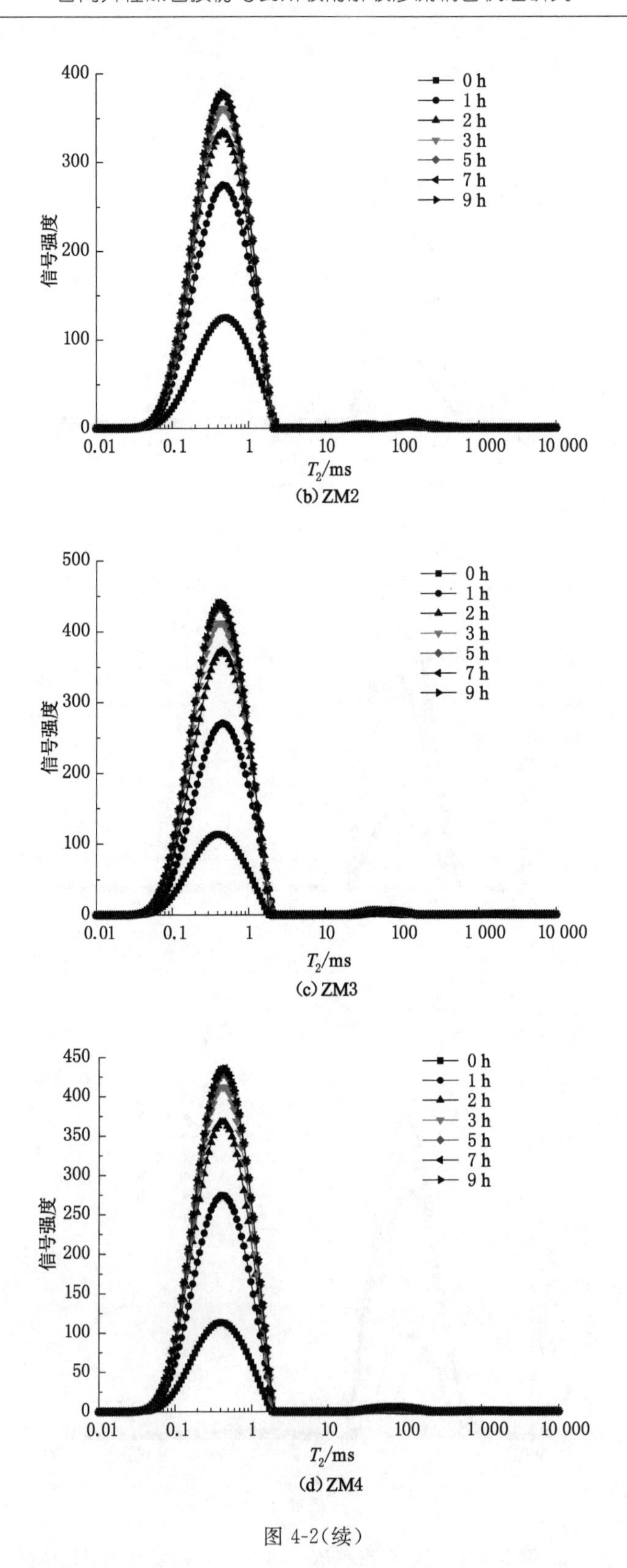

(b) ZM2

(c) ZM3

(d) ZM4

图 4-2(续)

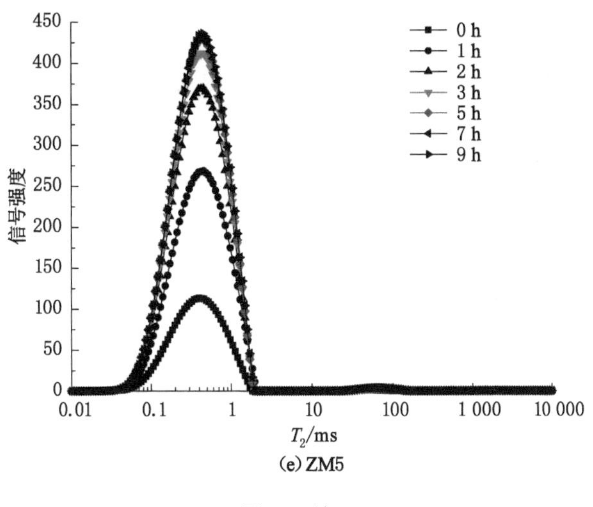

(e) ZM5

图 4-2(续)

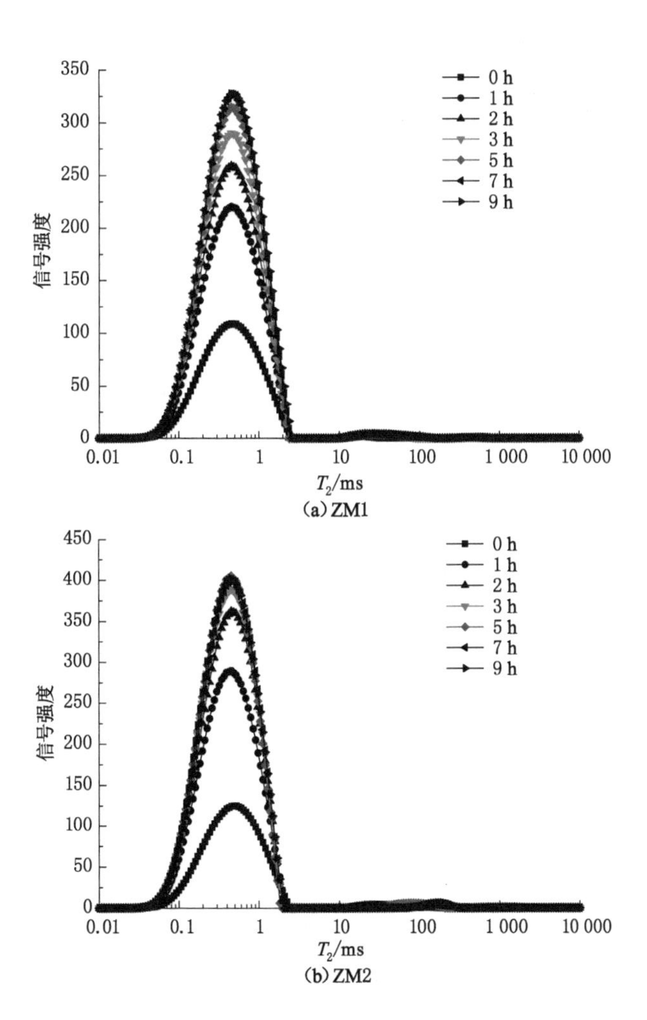

(a) ZM1

(b) ZM2

图 4-3 各向异性高阶煤在围压 5 MPa 下核磁信号量变化情况

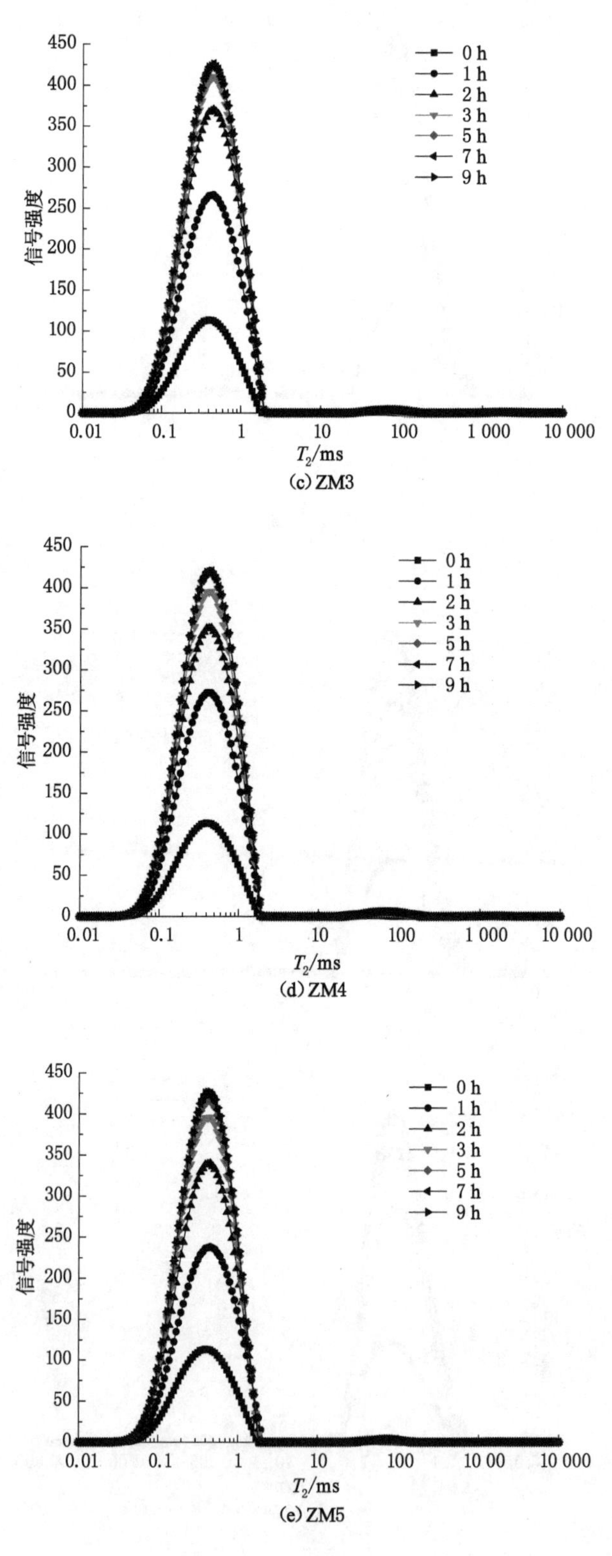

(c) ZM3

(d) ZM4

(e) ZM5

图 4-3(续)

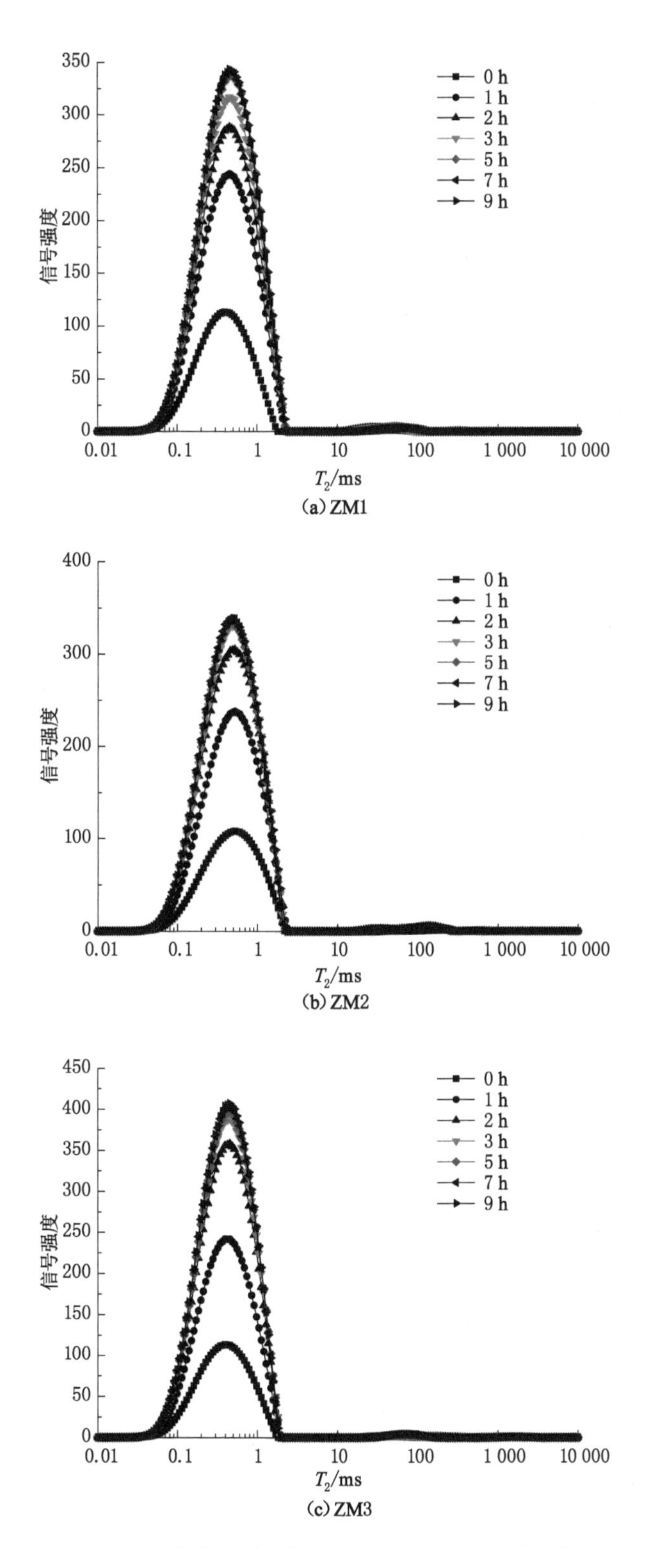

(a) ZM1

(b) ZM2

(c) ZM3

图 4-4　各向异性高阶煤在围压 6 MPa 下核磁信号量变化情况

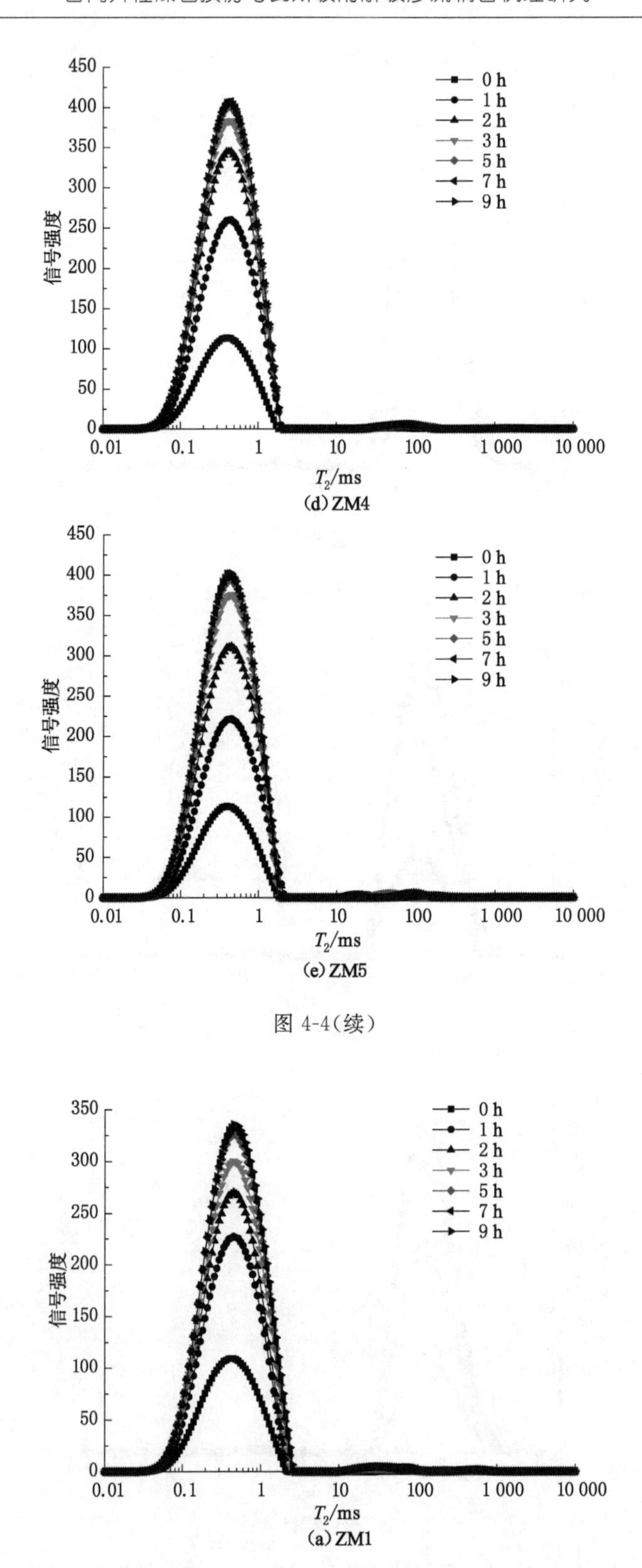

(d) ZM4

(e) ZM5

图 4-4(续)

(a) ZM1

图 4-5　各向异性高阶煤在围压 7 MPa 下核磁信号量变化情况

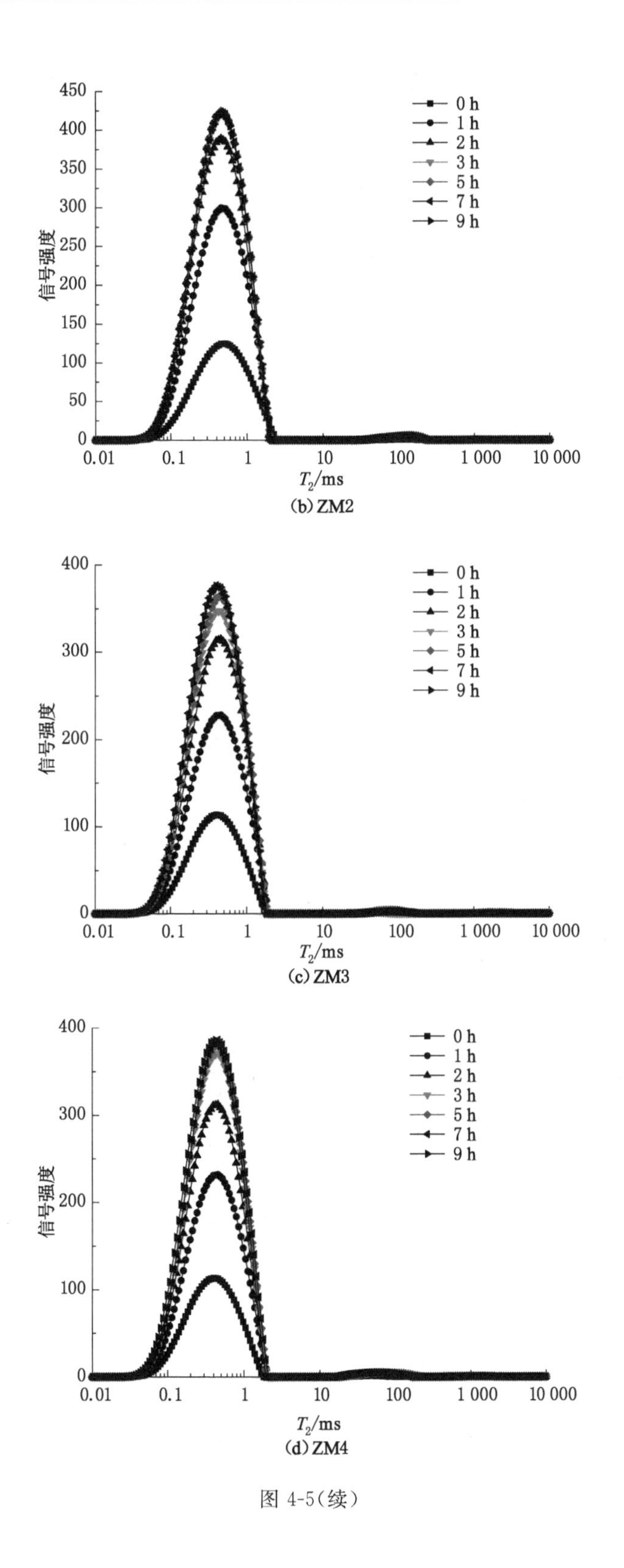

450
400
350
300
250
200
150
100
50
0
信号强度
0.01
0.1
1
10
100
1 000
10 000
T_2/ms
0 h
1 h
2 h
3 h
5 h
7 h
9 h
(b) ZM2
400
300
200
100
0
信号强度
0.01
0.1
1
10
100
1 000
10 000
T_2/ms
0 h
1 h
2 h
3 h
5 h
7 h
9 h
(c) ZM3
400
300
200
100
0
信号强度
0.01
0.1
1
10
100
1 000
10 000
T_2/ms
0 h
1 h
2 h
3 h
5 h
7 h
9 h
(d) ZM4

图 4-5(续)

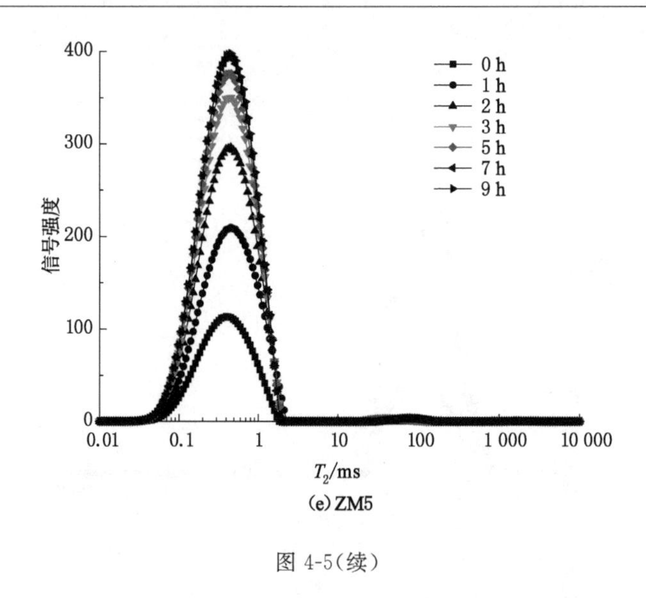

图 4-5(续)

4.3 围压对各向异性高阶煤瓦斯吸附的影响研究

为深入分析各向异性高阶煤在不同围压下瓦斯吸附平衡时的规律，将煤样 ZM1、ZM2、ZM3、ZM4 和 ZM5 分别在 3 MPa、4 MPa、5 MPa、6 MPa、7 MPa 围压下瓦斯吸附平衡后进行低场核磁共振测试，实验结果如图 4-6 所示(扫描图中二维码获取彩图，下同)。

分析图 4-6 可知，各向异性高阶煤的瓦斯吸附规律有明显差异，在 3 MPa、4 MPa、5 MPa、6 MPa 和 7 MPa 围压下煤样 ZM1 的核磁信号量最低，ZM3 的核磁信号量最高，ZM5 的核磁信号量次之。结合前述谱面积和瓦斯质量转化关系，得到各向异性高阶煤在不同围压下瓦斯吸附规律，如图 4-7 所示。

分析图 4-7 可知，各向异性高阶煤的瓦斯吸附量随时间的变化规律有一定的相似性。随着时间的延长瓦斯吸附量增加，且瓦斯吸附量随着时间延长先快速增加后缓慢增加直至维持一个定值，此时瓦斯吸附平衡；各向异性高阶煤的瓦斯吸附量随围压的增加而减小，并且在煤样吸附平衡之前呈现相似的规律，即在 1 h、2 h、3 h、5 h、7 h、9 h 时，各向异性高阶煤在围压越高的外界条件下瓦斯吸附量越少。考虑煤的非均质性的影响，为进一步分析各向异性高阶煤的瓦斯吸附规律，将不同层理煤样在 3 MPa 与 7 MPa 围压下的瓦斯吸附量进行对比分析。各向异性高阶煤在 3 MPa 和 7 MPa 围压下的瓦斯吸附量及其增量如表 4-1 和图 4-8 所示。

表 4-1　各向异性高阶煤在 3 MPa、7 MPa 围压下的瓦斯吸附量及其增量

煤样编号	3 MPa 围压下瓦斯吸附量/g	7 MPa 围压下瓦斯吸附量/g	瓦斯吸附增量/g
ZM1	0.797	0.658	0.139
ZM2	0.945	0.614	0.331
ZM3	0.999	0.734	0.265
ZM4	0.989	0.788	0.201
ZM5	0.968	0.796	0.172

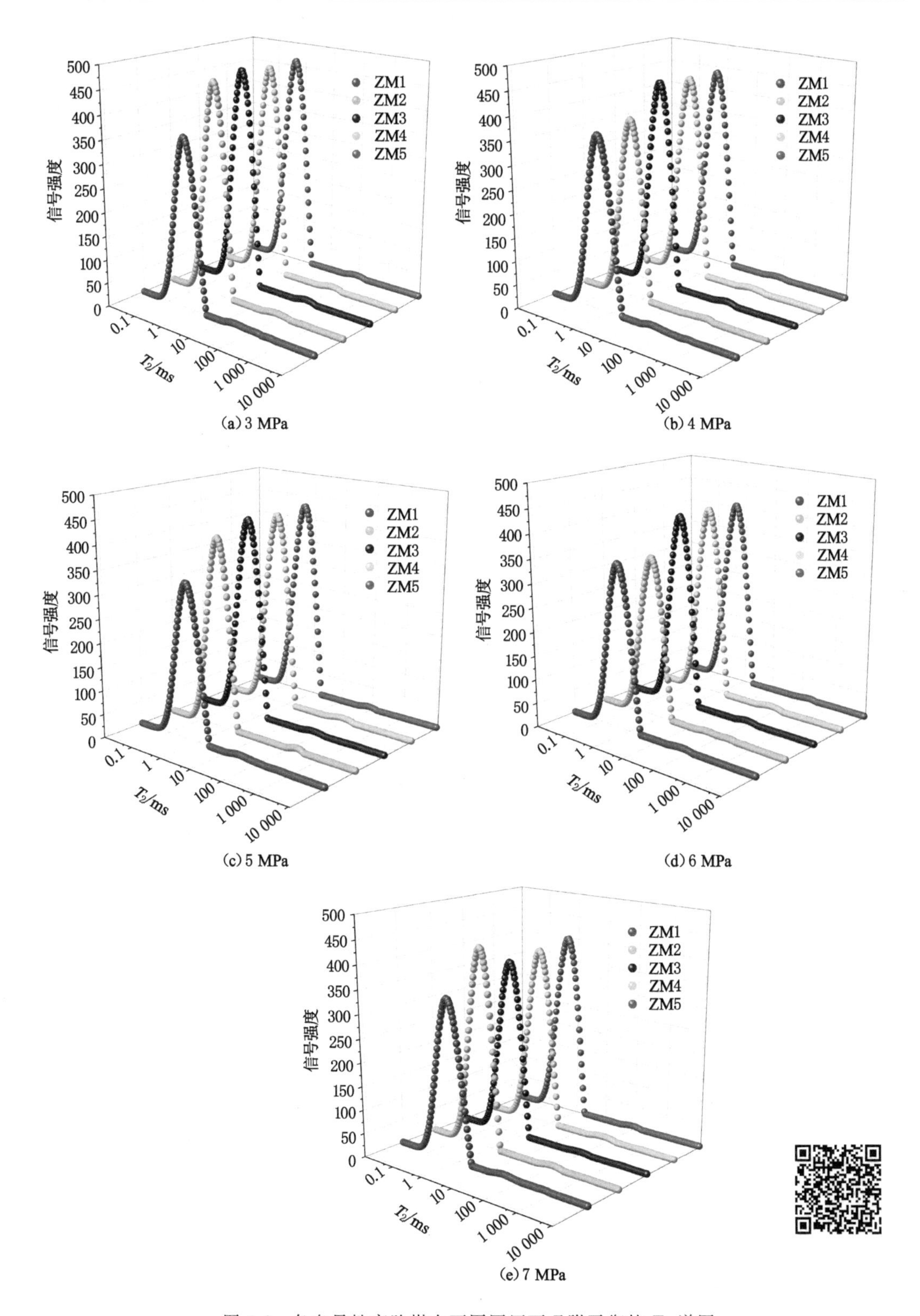

(a) 3 MPa

(b) 4 MPa

(c) 5 MPa

(d) 6 MPa

(e) 7 MPa

图 4-6　各向异性高阶煤在不同围压下吸附平衡的 T_2 谱图

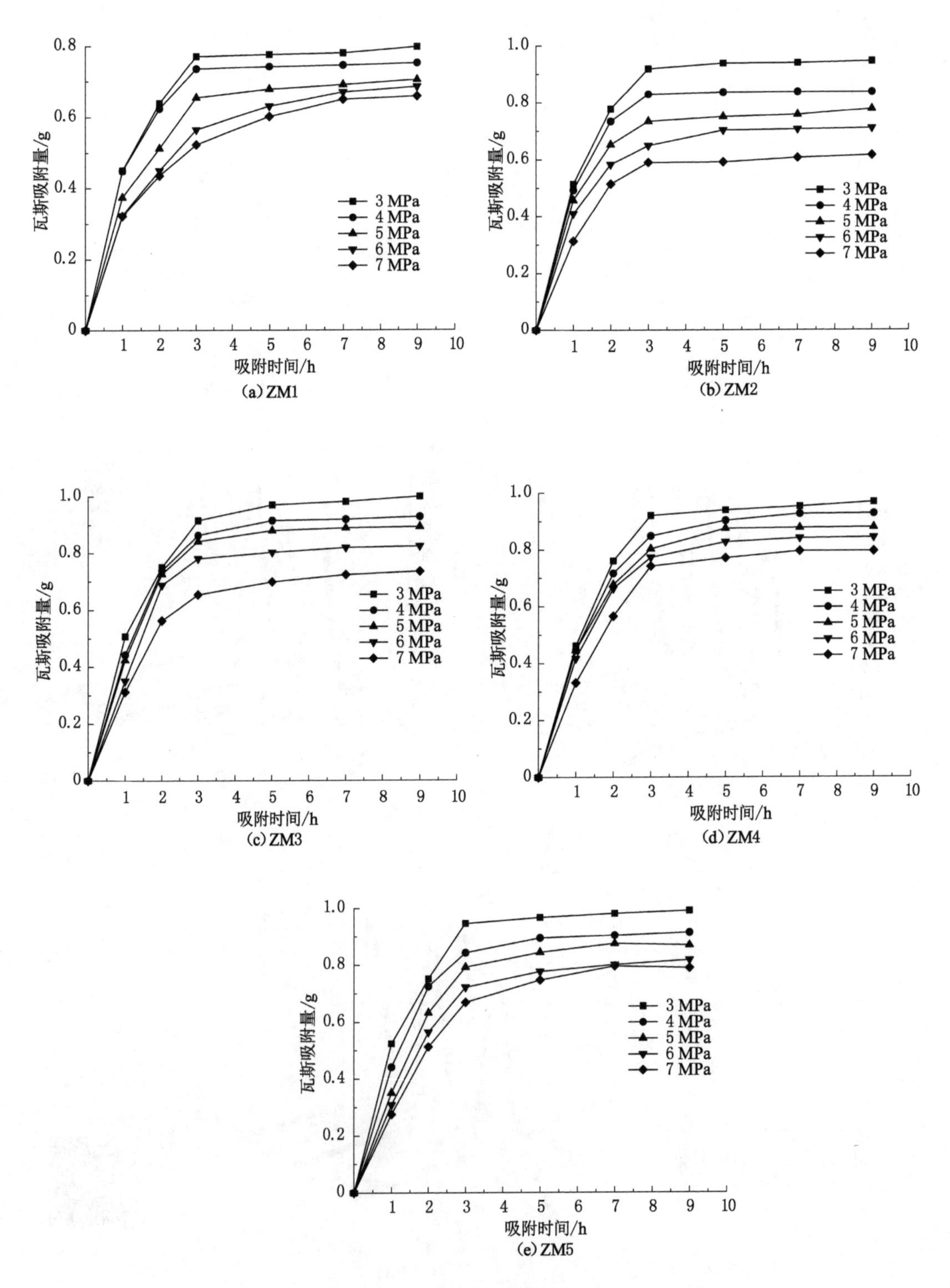

图 4-7 各向异性高阶煤瓦斯吸附量随时间的变化规律

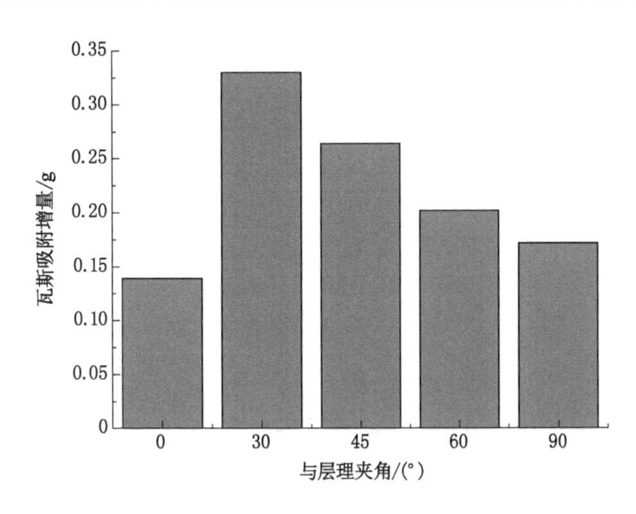

图 4-8　各向异性高阶煤在 3 MPa、7 MPa 围压下的瓦斯吸附增量

分析表 4-1 和图 4-8 可知，层理构造对高阶煤的吸附规律有明显影响，当围压从 3 MPa 增加到 7 MPa 时，与煤样层理夹角的不同，所表现出来的瓦斯吸附增量也不同。其中，斜交层理煤样 ZM2、ZM3 和 ZM4 瓦斯吸附增量的平均值最大，平行层理煤样 ZM1 瓦斯吸附增量最小。究其原因，对于与层理夹角为 0°和 90°的高阶煤，当瓦斯气体从夹持器的两端进入夹持器，围压增加，且层理与围压加载方向垂直时，围压对煤样中孔的闭合效应明显，从而导致瓦斯流入煤样受阻，进而导致与层理夹角为 90°的煤样瓦斯吸附增量比与层理夹角为 0°的煤样瓦斯吸附增量大。随着围压的增加，层理构造面上的部分孔因挤压变成微孔而成为瓦斯吸附的场所，依据勾股定理及微积分原理可以得出斜交层理煤样 ZM2、ZM3 和 ZM4 瓦斯吸附平均增量最大。综上所述，从低围压到高围压过程中，斜交层理煤样 ZM2、ZM3 和 ZM4 瓦斯吸附平均增量最大，其次为垂直层理煤样 ZM5，平行层理煤样 ZM1 瓦斯吸附增量最小。

4.4　各向异性高阶煤在不同围压下吸附峰游离峰变化规律

为进一步分析层理构造对吸附峰和游离峰的影响，统计各向异性高阶煤在不同围压下吸附平衡时的吸附峰和游离峰面积，统计结果如图 4-9 和图 4-10 所示。

分析图 4-9 和图 4-10 可知，各向异性高阶煤在不同围压下吸附平衡时，吸附峰面积随着围压的增大而逐渐减小，随着与层理夹角的增加呈先增大后减小的规律，总体上呈“倒 V”形。游离峰面积与吸附峰面积表现出不同的规律，各向异性高阶煤游离峰面积随着围压的增大而逐渐减小，随着与层理夹角的增加呈先减小后增大的规律，总体上呈“V”形。进一步研究各向异性高阶煤瓦斯吸附规律，将吸附态瓦斯质量与围压之间的关系进行拟合，结果如图 4-11 所示。

分析图 4-11 可知，随着围压的增大吸附态瓦斯质量逐渐减小。各向异性高阶煤的吸附态瓦斯质量与围压之间呈线性函数关系即 $y=a-bx$(其中 a、b 为大于 0 的常数)，五个不同层理煤样吸附态瓦斯质量与围压的函数关系相关系数均在 0.97 以上，有较好的相关性。各向异性高阶煤的吸附锋面积占比达到了 98.76%，相比吸附峰面积，游离峰面积很小即游离

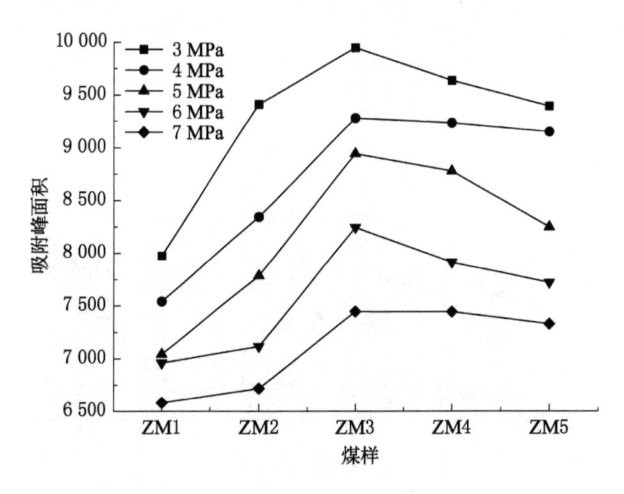

图 4-9 各向异性高阶煤在不同围压下吸附平衡时的吸附峰面积

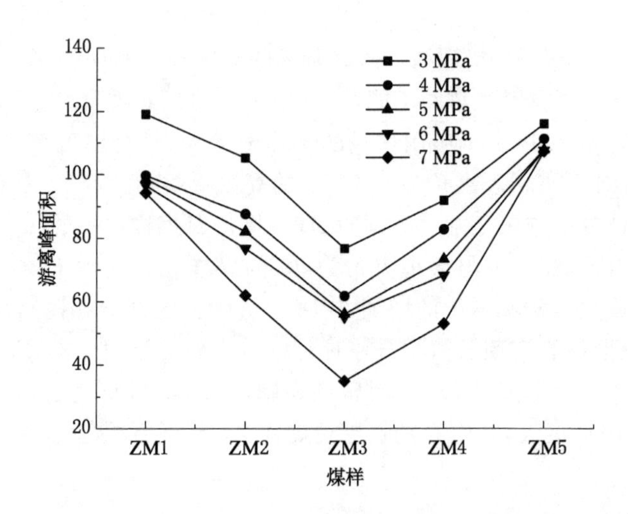

图 4-10 各向异性高阶煤在不同围压下吸附平衡时的游离峰面积

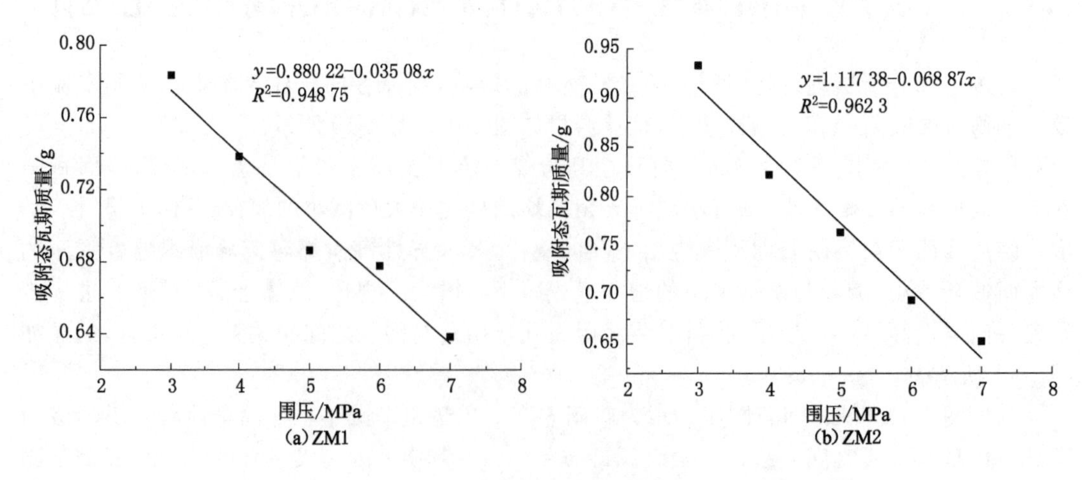

图 4-11 各向异性高阶煤吸附态瓦斯质量与围压之间的关系

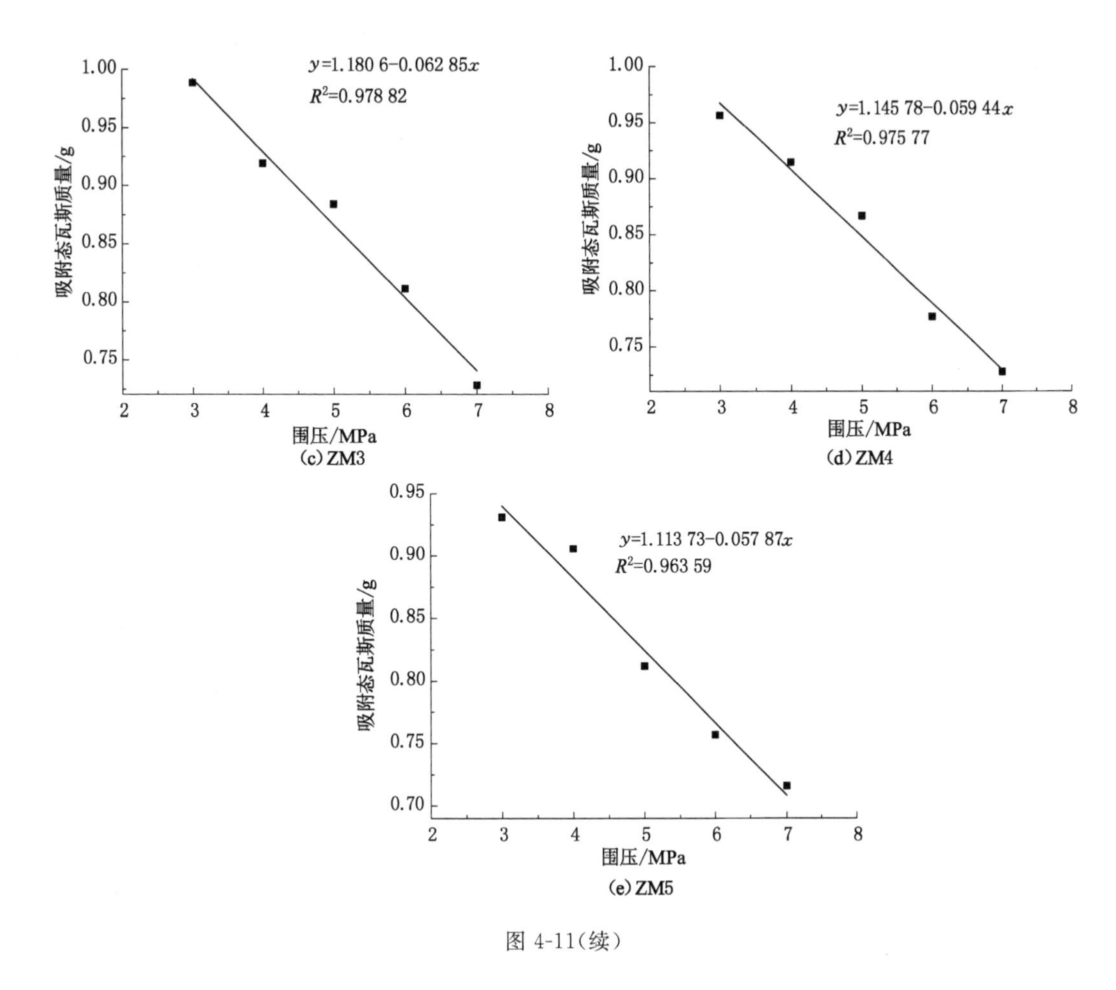

图 4-11(续)

态瓦斯质量也很小，研究各向异性高阶煤游离态瓦斯分布规律时，需要进一步探讨游离峰面积与围压之间的关系。将游离峰面积与围压之间的关系进行拟合，结果如图 4-12 所示。

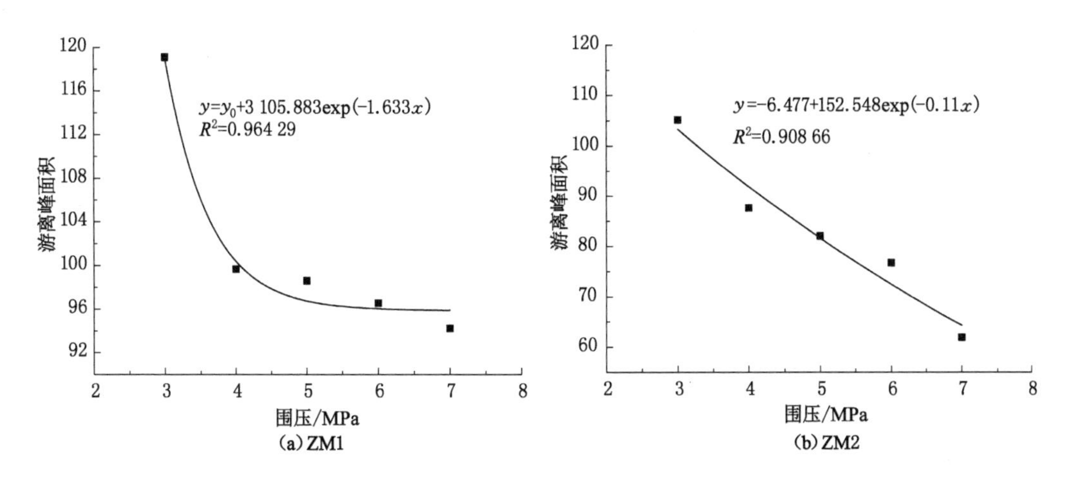

图 4-12　各向异性高阶煤游离峰面积与围压之间的关系

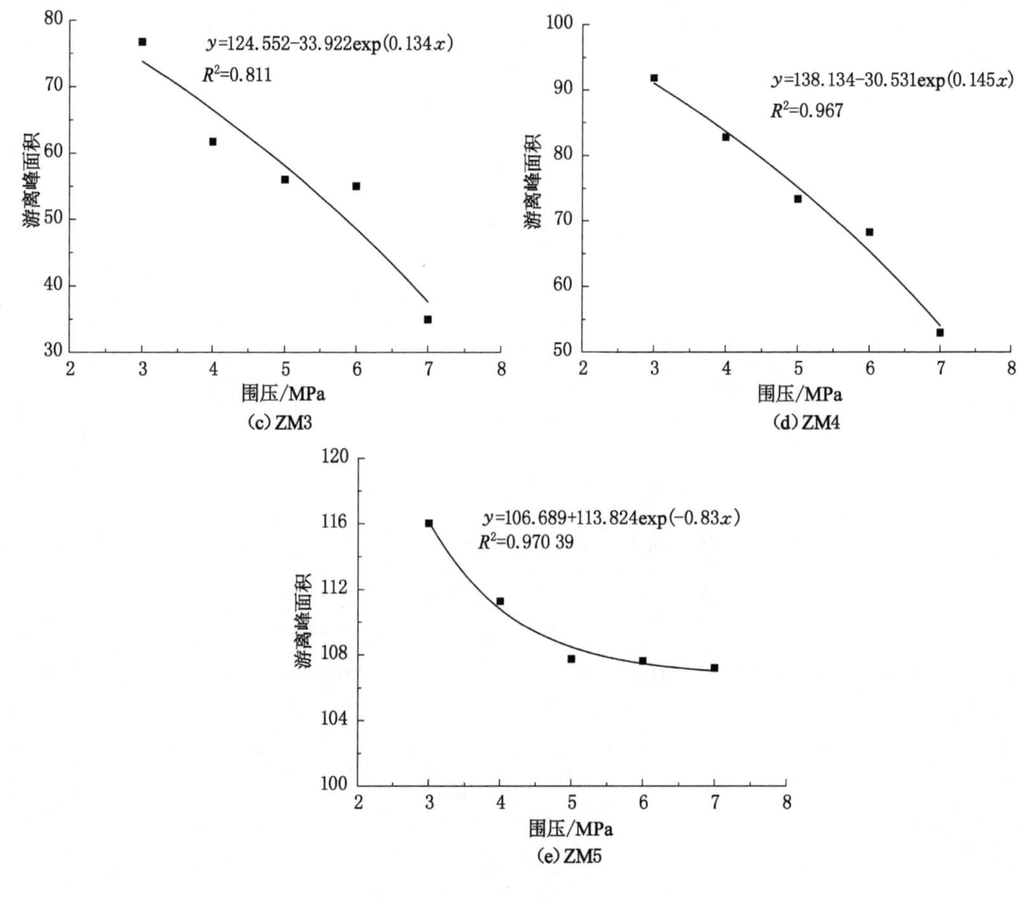

图 4-12(续)

分析图 4-12 可知，随着围压的增加游离峰面积逐渐减小。围压的增加导致瓦斯运移通道被堵塞变窄，煤中孔裂隙压密且渗透率降低，各向异性高阶煤的游离峰面积与围压符合指数函数关系即 $y=a+b\exp(cx)$（其中 a、b 和 c 为常数）。

为进一步分析各向异性高阶煤在不同围压下吸附峰和游离峰的变化规律，统计各向异性高阶煤在不同围压下吸附峰和游离峰的峰中心位置，如表 4-2 所示。

表 4-2　吸附峰和游离峰的峰中心位置

围压/MPa	吸附峰峰中心位置/ms					游离峰峰中心位置/ms				
	ZM1	ZM2	ZM3	ZM4	ZM5	ZM1	ZM2	ZM3	ZM4	ZM5
3	1.297	1.390	1.390	1.210	1.390	91.225	129.172	92.087	87.811	106.268
4	1.054	1.054	1.054	1.210	1.054	84.814	95.421	86.783	78.758	74.226
5	0.984	0.984	1.054	0.984	0.918	57.364	93.908	79.562	78.677	69.006
6	0.918	0.984	0.984	1.054	1.054	54.805	73.110	76.163	77.850	66.866
7	0.984	0.984	0.918	0.984	0.984	37.192	37.450	68.245	66.286	62.975

分析表 4-2 可知，吸附峰的峰中心位置最大为 1.390 ms，最小为 0.918 ms，最大值和最小值的差<0.5 ms，因此认为在围压增大的情况下，吸附峰的峰中心位置基本保持不变；游离峰的峰中心位置最大为 129.172 ms，最小为 37.192 ms，显然最大值与最小值的差值较大。

为进一步分析不同围压下各向异性高阶煤的游离峰峰中心位置变化规律，对各向异性高阶煤在不同围压下的游离峰峰中心位置进行分析，结果如图 4-13 所示。

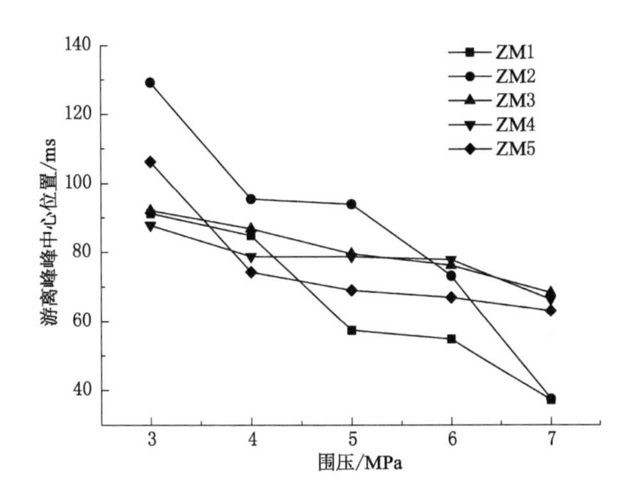

图 4-13　不同围压下各向异性高阶煤游离峰峰中心位置

分析图 4-13 可知，随着围压的增加游离峰的峰中心位置逐渐左移，这说明当围压增加时，游离峰不断向左移动。结合 T_2 谱图横坐标的物理意义可知，各向异性高阶煤的中大孔会随着围压的增加而收缩。

4.5　本章小结

利用低场核磁共振及围压加载系统，开展了各向异性高阶煤在不同围压下的瓦斯吸附核磁共振实验。研究了各向异性高阶煤的瓦斯吸附随时间的变化规律及不同围压下各向异性高阶煤的瓦斯吸附规律，分析了与层理夹角对煤瓦斯吸附的影响机制。得到的主要结论如下：

① 各向异性高阶煤微观孔隙结构均呈微小孔发育，中大孔不发育的规律；各向异性高阶煤的瓦斯吸附量随吸附时间延长而增加，瓦斯吸附量随吸附时间延长先快速增加后缓慢增加直至保持不变，且在 1 h、2 h、3 h、5 h、7 h、9 h 时的瓦斯吸附量呈现随着围压的升高逐渐减小的规律。

② 从低围压到高围压过程中，不同层理煤样所表现出来的瓦斯吸附增量明显不同，斜交层理煤样 ZM2、ZM3 和 ZM4 瓦斯吸附平均增量最大，其次为垂直层理煤样 ZM5，平行层理煤样 ZM1 瓦斯吸附增量最小。

③ 各向异性高阶煤吸附峰和游离峰面积随围压的增加而逐渐减小，吸附态瓦斯质量与围压符合 $y=a-bx$ 的线性函数关系，游离峰面积与围压符合 $y=a+b\exp(cx)$ 的指数函数关系；吸附峰面积随与层理夹角的增加呈先增大后减小的规律，总体上呈“倒 V”形，游离峰面积随与层理夹角的增加呈先减小后增大的规律，总体上呈“V”形；此外，当围压增加时，游离峰不断向左移动，各向异性高阶煤的中大孔会随着围压的增加而收缩。

5 各向异性高阶煤瓦斯渗流实验研究

煤层渗透率是判断煤层瓦斯抽采难易程度的重要参数之一，因此研究煤层的渗透率至关重要。影响煤层渗透率的因素十分复杂，煤层的孔隙、裂隙以及地应力都对煤层渗透率有显著的影响。煤层是一种孔裂隙双重介质，它的孔裂隙发育的差异性直接影响煤层的渗透率。煤层孔裂隙发育程度及层理构造方向的不同使气体在煤层中的流动具有明显的方向性。在煤矿开采过程中，煤基质所受的压力发生了变化，煤基质收缩变形，最终造成煤层渗透率的变化。本章利用前期制备的平行层理煤样 ZM1、垂直层理煤样 ZM5 和斜交层理煤样 ZM2、ZM3 和 ZM4，结合煤层的应力环境开展各向异性高阶煤瓦斯渗流实验研究；选取力学路径 1(恒轴压卸围压)和力学路径 2(同时加轴压卸围压)两种实验力学路径，进一步分析各向异性高阶煤所受应力环境的变化对渗透率的影响机制。

5.1 实验原理与方法

目前渗透率的测定方法主要有稳态法和瞬态法[94]。本实验采用稳态法测试煤样的渗透率。实验采用甲烷(99.99%)为渗透介质，在测试样品两端施加压力(产生压力差)，气体通过测试样品，当气流稳定时，通过计算流过测试样品的气体总量来计算渗透率。渗透率稳态法测定的控制方程如式(5-1)所示：

$$k=\frac{2\mu p_0 QL}{A(p_1^2-p_2^2)} \tag{5-1}$$

式中 Q——气体流量，cm^3/s；

p_0——标准大气压，Pa；

μ——气体动力黏度，Pa·s；

L——测试煤样的长度，cm；

p_1，p_2——煤样进口和出口的压力，Pa；

A——煤样的横截面积，cm^2。

本书中的各向异性高阶煤渗透率的测试实验采用 2.3 节介绍的煤岩三轴吸附-解吸-渗流实验系统，煤岩三轴吸附-解吸-渗流实验系统示意图如图 5-1 所示。

采用该实验装置进行实验时有以下注意事项：

① 为保证气体不从煤样与夹持器的胶套之间的缝隙流出，实验过程中应始终保持围压大于孔隙压力。

② 实验开始前应检查装置的气密性并进行抽真空处理。

③ 实验结束后为保证实验员安全以及保护夹持器的胶套，应先卸掉气体压力，再卸轴压和围压。

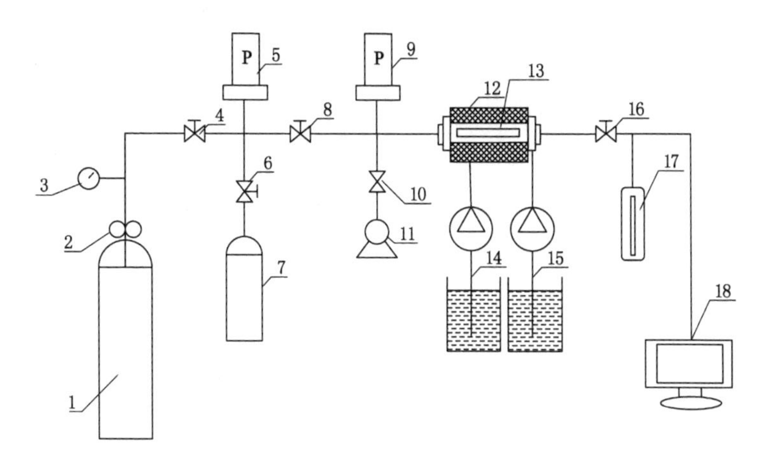

1—瓦斯气瓶；2—减压阀；3—压力表；4—V_1 阀门；5—参考缸压力；6—V_2 阀门；7—参考缸；8—V_3 阀门；
9—入口压力；10—真空阀；11—真空泵；12—柔性加热套；13—夹持器；14—围压泵；15—轴压泵；
16—V_4阀门；17—流量计；18—数据采集系统。

图 5-1　煤岩三轴吸附-解吸-渗流实验系统的组成与原理示意

5.2　实验方案

为了分析在不同因素下各向异性高阶煤渗透率的变化规律，实验共设计两种力学路径：路径 1 为恒轴压卸围压，路径 2 为同时加轴压卸围压。实验中煤样所受的有效应力按照式(5-2)计算：

$$\sigma_e = \frac{1}{3}(\sigma_1 + 2\sigma_2) - p \tag{5-2}$$

式中，σ_e 为有效应力，MPa；σ_1 为轴压，MPa；σ_2 为围压，MPa；p 为孔隙压力，MPa。

实验设置瓦斯气体压力为 1.47 MPa，实验温度通过柔性加热套和温度传感器控制在 30 ℃。

两种力学路径示意图分别如图 5-2 和图 5-3 所示，两种力学路径具体的实验方案参数分别如表 5-1 和表 5-2 所示。

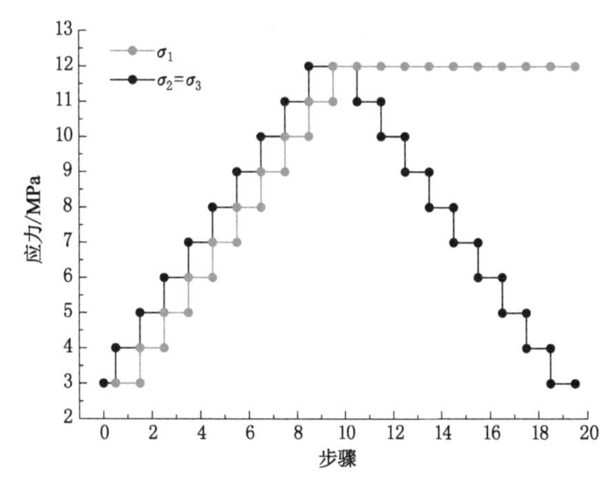

图 5-2　力学路径 1 示意

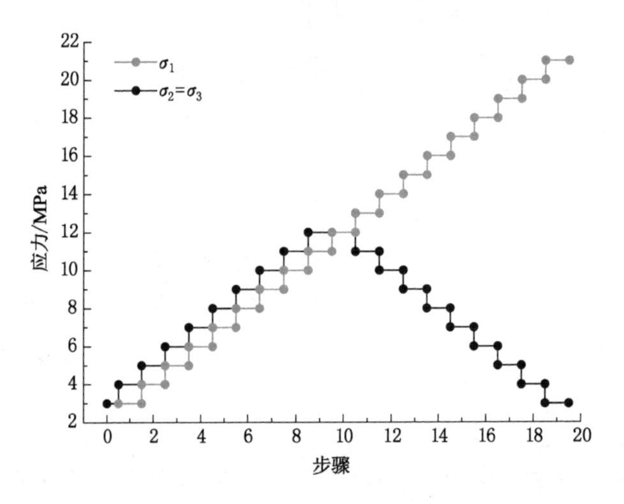

图 5-3　力学路径 2 示意

表 5-1　力学路径 1 实验方案参数

条件	步骤	轴压/MPa	围压/MPa	有效应力/MPa	瓦斯压力/MPa
加载轴压围压	1	3	3	1.53	1.47
	2	3	4	2.20	1.47
	3	4	5	3.20	1.47
	4	5	6	4.20	1.47
	5	6	7	5.20	1.47
	6	7	8	6.20	1.47
	7	8	9	7.20	1.47
	8	9	10	8.20	1.47
	9	10	11	9.20	1.47
	10	11	12	10.20	1.47
	11	12	12	10.53	1.47
恒轴压卸围压	11	12	11	9.86	1.47
	12	12	10	9.20	1.47
	13	12	9	8.53	1.47
	14	12	8	7.86	1.47
	15	12	7	7.20	1.47
	16	12	6	6.53	1.47
	17	12	5	5.86	1.47
	18	12	4	5.20	1.47
	19	12	3	4.53	1.47

表 5-2　力学路径 2 实验方案参数

条件	步骤	轴压/MPa	围压/MPa	有效应力/MPa	瓦斯压力/MPa
加载轴压围压	1	3	3	1.53	1.47
	2	3	4	2.20	1.47
	3	4	5	3.20	1.47
	4	5	6	4.20	1.47
	5	6	7	5.20	1.47
	6	7	8	6.20	1.47
	7	8	9	7.20	1.47
	8	9	10	8.20	1.47
	9	10	11	9.20	1.47
	10	11	12	10.20	1.47
	11	12	12	10.53	1.47
加轴压 卸围压	11	13	11	10.20	1.47
	12	14	10	9.86	1.47
	13	15	9	9.53	1.47
	14	16	8	9.20	1.47
	15	17	7	8.86	1.47
	16	18	6	8.53	1.47
	17	19	5	8.20	1.47
	18	20	4	7.86	1.47
	19	21	3	7.53	1.47

如图 5-2、图 5-3 和表 5-1、表 5-2 所示，首先将围压加载至 3 MPa，随后将轴压也加载至 3 MPa，待瓦斯吸附平衡后进行加载和卸载渗透率测试实验，之后每个步骤在 3 MPa 的基础上先加围压 1 MPa 再加轴压 1 MPa，直至围压和轴压都加至 12 MPa，至此加载过程结束。力学路径 1 在加载完成后保持轴压不变依次卸围压至 3 MPa；力学路径 2 在加载完成后的每个步骤同时增加轴压 1 MPa 和减小围压 1 MPa，直至轴压增加至 21 MPa，围压降至 3 MPa 为止。

实验具体的步骤如下：

① 取制作的与层理夹角分别为 0°、30°、45°、60°和 90°的圆柱体原煤煤样两组。将两组煤样放入电热鼓风干燥箱中干燥，干燥温度设置为 80 ℃，待煤样的质量不再发生变化时视为煤样干燥完全。将干燥后的煤样留作实验备用。

② 连接仪器设备，将围压泵和轴压泵中的用于加压的液体（蒸馏水）加满，并连接仪器气路管道；检查装置的气密性。在夹持器中装入与煤样等大的钢块，然后安装夹持器的堵头，确保连接处的螺丝的稳固性；设置围压为 3 MPa，启动围压泵，然后设置轴压为 3 MPa，启动轴压泵，待轴压和围压达到设定值 3 MPa 后，打开 V_1、V_2 和 V_3 阀门，关闭 V_4 阀门，打

开瓦斯气瓶的阀门向管路中通入压力为1.47 MPa的瓦斯气体，关闭V_1阀门，使管路中的气体压力稳定在1.47 MPa；停30 min后记录管路中的压力，若气体压力变化小于0.01%，则认为此管路气密性良好。

③ 将仪器加热按钮打开，设置温度为30 ℃，确保柔性加热套紧密地贴合在夹持器的外表面上，保持夹持器处于加热状态12 h，确保夹持器内温度恒定在30 ℃。

④ 将所测煤样装入夹持器中，设置围压为3 MPa，启动围压泵，然后设置轴压为3 MPa，启动轴压泵，待轴压和围压达到设定值3 MPa后，打开V_1、V_2和V_3阀门，关闭V_4阀门，打开真空阀，用真空泵对管路进行抽真空30 min，去除管路中的气体。

⑤ 打开瓦斯气瓶的阀门向管路中通入压力为1.47 MPa的瓦斯气体，关闭V_1阀门，使管路中的气体压力稳定在1.47 MPa；瓦斯吸附过程中每隔1 h记录一次参考缸的压力，如果压力小于1.47 MPa则向管路中继续通入气体，保证参考缸压力稳定在1.47 MPa；此过程持续12 h，直至参考缸压力不再下降，则说明瓦斯吸附平衡。

⑥ 打开数据采集系统，以及渗透率测试软件，输入煤样的半径和高度等参数；同时打开瓦斯气瓶的阀门、V_1阀门和V_4阀门，保证渗透率测试实验过程中管路中气体压力保持在1.47 MPa。实验结束后，关闭瓦斯气瓶的阀门，打开V_4阀门，待管路中的气体全部排入空气中之后卸掉轴压，最后卸掉围压。保存实验数据，取出煤样，为下一次实验做好准备。

⑦ 将第一组和第二组煤样分别按照上述恒轴压卸围压和同时加轴压卸围压条件重复实验步骤②—⑥进行实验，记录实验过程中煤样渗透率的变化情况。

5.3 各向异性高阶煤瓦斯渗流实验

瓦斯解吸扩散后会在煤体的孔裂隙中流动，瓦斯流动的难易程度用渗透率表示。研究煤体中瓦斯的流动规律可以为煤矿的安全生产提供理论依据。为了研究各向异性高阶煤渗透率的变化规律以及其与有效应力和差应力等之间的关系，本节按照前述的实验方案开展各向异性高阶煤在两种力学路径下瓦斯渗流特性实验研究。

5.3.1 各向异性高阶煤在力学路径1下渗透率的演化规律

将煤样ZM1、ZM2、ZM3、ZM4和ZM5按照实验方案力学路径1进行渗透率实验，加卸载过程中渗透率变化分别如图5-4至图5-8所示。

分析图5-4至图5-8可知，煤样ZM1、ZM2、ZM3、ZM4和ZM5在力学路径1下渗透率变化有着相似的规律，都呈现出在加载轴压和围压过程中渗透率逐渐下降，恒轴压卸围压过程中渗透率逐渐上升的规律，且在加载轴压和围压过程中渗透率先快速下降后缓慢下降，在恒轴压卸围压过程中渗透率先缓慢增加后快速增加。究其原因，加载初期煤样的中大孔在外力载荷的作用下迅速闭合，气体流动的通道迅速变窄甚至闭合，渗透率迅速降低，当载荷继续增大时，煤基质已经处于紧密贴合的状态，相比初始加载阶段孔裂隙的闭合效应不明显，因此渗透率降低的速度减小；在恒轴压卸围压过程中，刚开始煤样未发生塑性变形的孔慢慢张开，气体流动的通道逐渐变宽，渗透率逐渐增加，恒轴压卸围压至一定值后，原生裂隙开始延展贯通而形成新的裂隙，即形成新的气体流动的通道，此时渗透率快速增加。

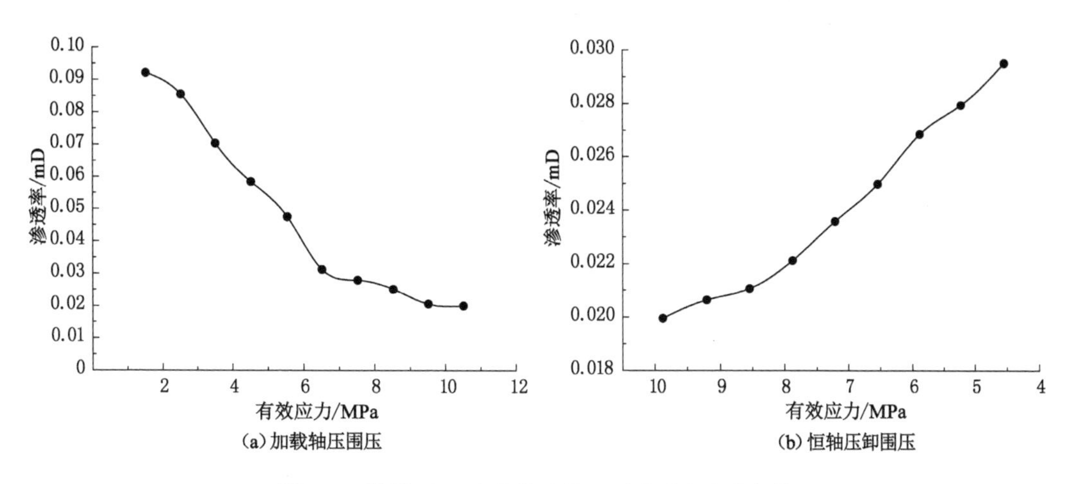

图 5-4 煤样 ZM1 在力学路径 1 下渗透率变化规律

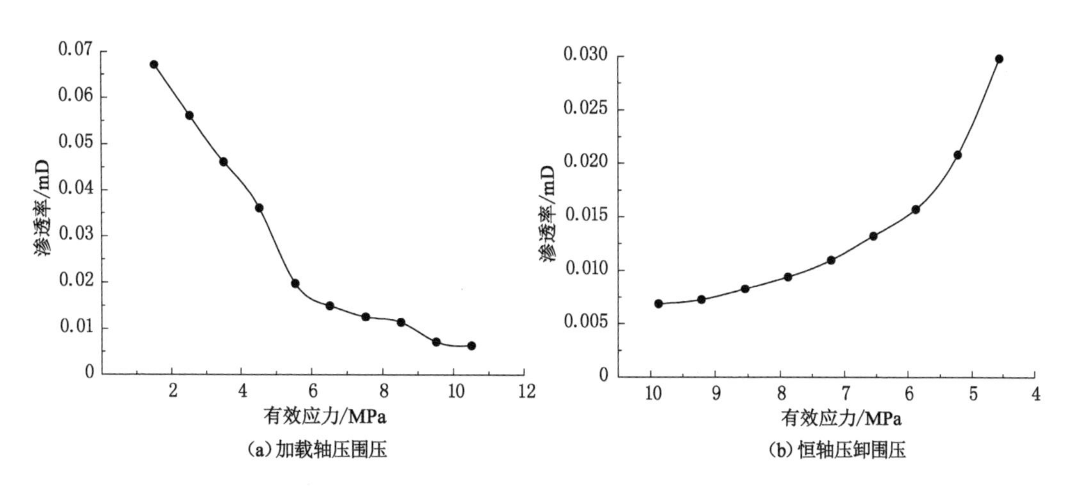

图 5-5 煤样 ZM2 在力学路径 1 下渗透率变化规律

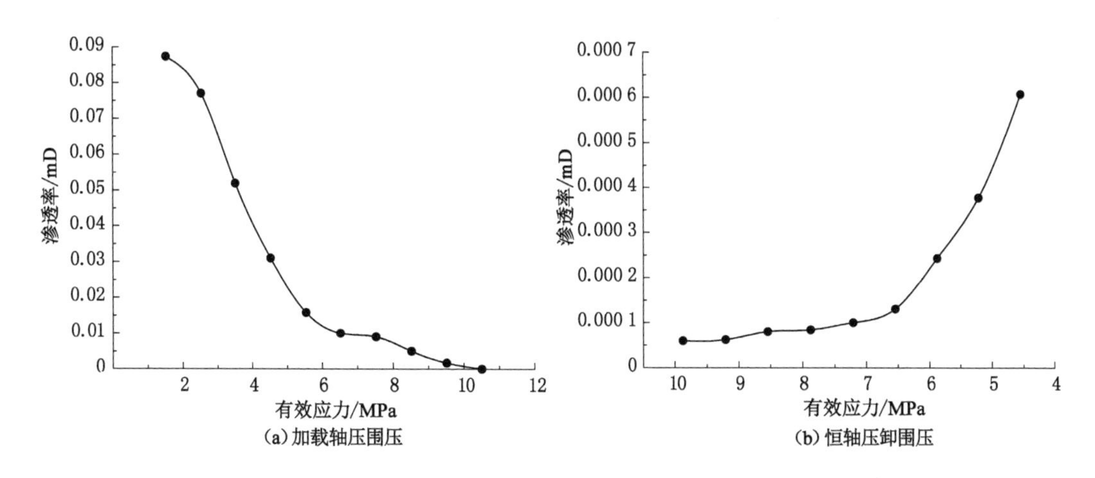

图 5-6 煤样 ZM3 在力学路径 1 下渗透率变化规律

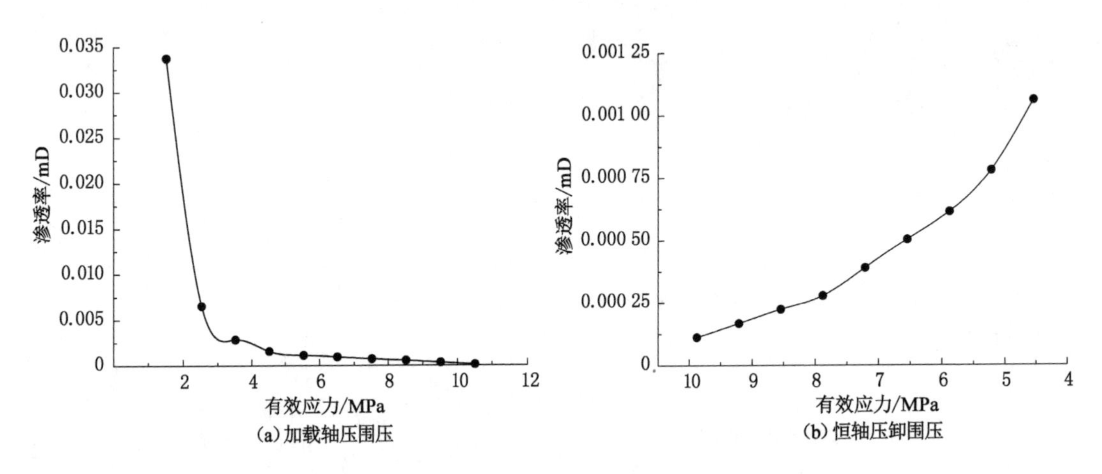

图 5-7 煤样 ZM4 在力学路径 1 下渗透率变化规律

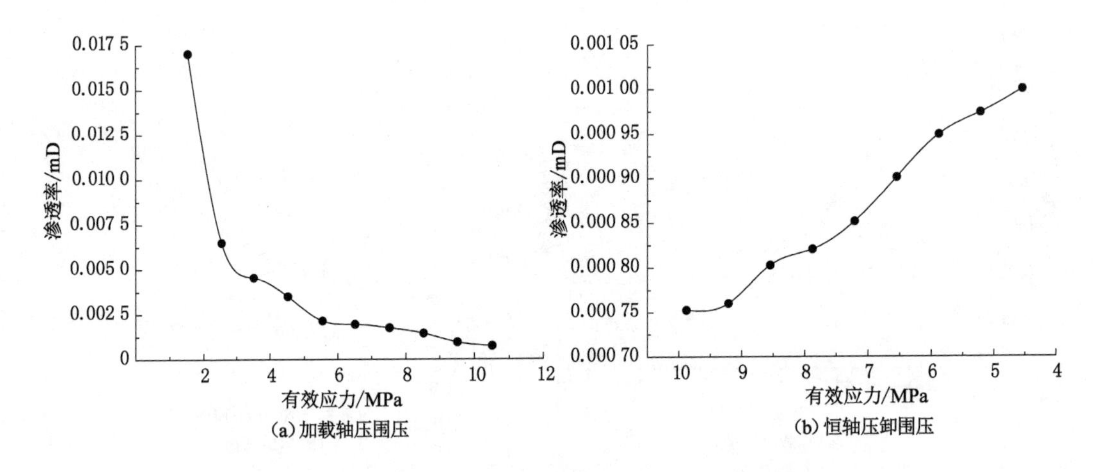

图 5-8 煤样 ZM5 在力学路径 1 下渗透率变化规律

对力学路径 1 下加载轴压围压和恒轴压卸围压过程中渗透率与有效应力的关系进行拟合,拟合结果如图 5-9 和图 5-10 所示。

分析图 5-9 可知,力学路径 1 下加载轴压围压过程中渗透率与有效应力之间符合 $y=a\exp(bx)$的指数函数关系(其中 a,b 为常数),相关系数 R 均大于 0.96,函数拟合相关性较好。力学路径 1 下加载轴压围压过程中,随着有效应力的增加,渗透率急剧下降,究其原因是在此过程中煤样受外界压力作用孔裂隙变窄、变形乃至堵塞,从而导致气体渗流的通道变窄甚至堵塞。

分析图 5-10 可知,力学路径 1 下恒轴压卸围压过程中渗透率与有效应力之间符合 $y=a\exp(bx)$的指数函数关系(其中 a,b 为常数),相关系数 R 均大于 0.97,函数拟合相关性较好。力学路径 1 下恒轴压卸围压过程中,随着有效应力的减小,渗透率缓慢上升,究其原因是在此过程中煤样所受外界应力逐渐减小,煤样孔裂隙慢慢张开,煤样在外界应力作用下产生塑性变形而产生新的裂隙,即产生新的气体渗流的通道,气体流动的速度逐渐加快,煤样的渗透率也越来越高。

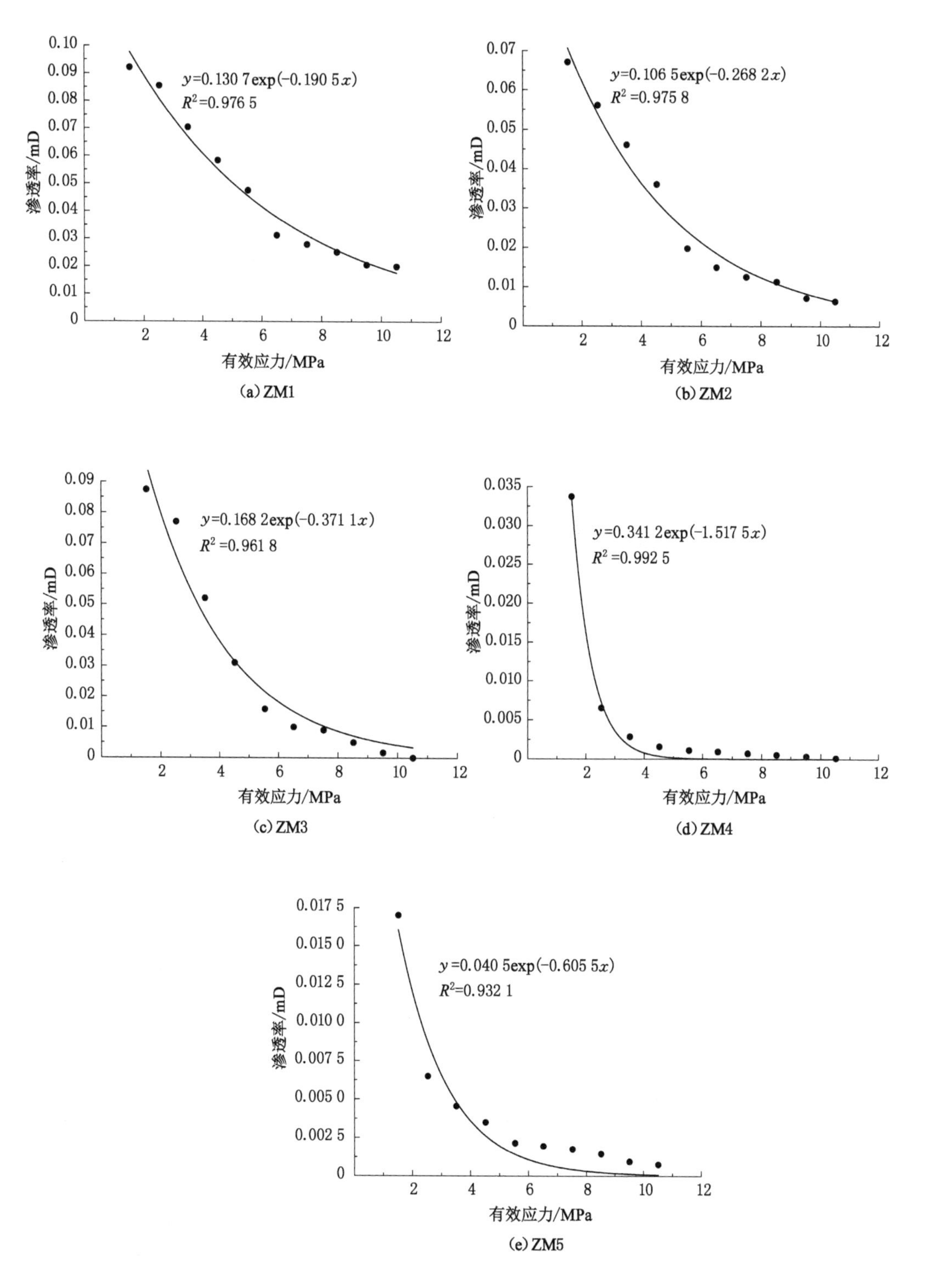

图 5-9 力学路径 1 下加载轴压围压过程中有效应力与渗透率之间的关系

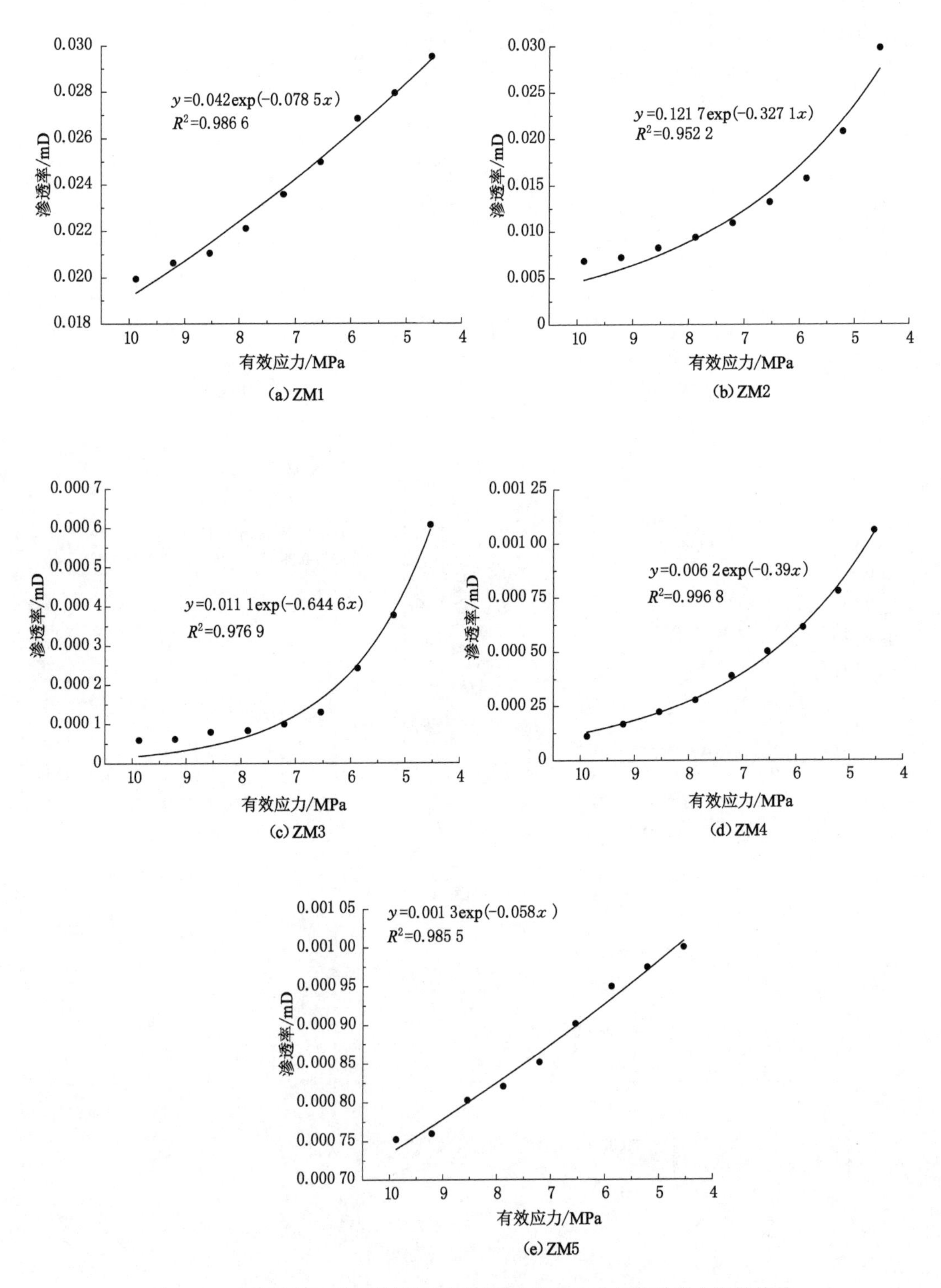

图 5-10　力学路径 1 下恒轴压卸围压过程中有效应力与渗透率之间的关系

为进一步分析各向异性高阶煤在力学路径 1 恒轴压卸围压条件下渗透率的变化规律，分析力学路径 1 恒轴压卸围压条件下围压和差应力对渗透率的影响，结果如图 5-11 和图 5-12 所示。

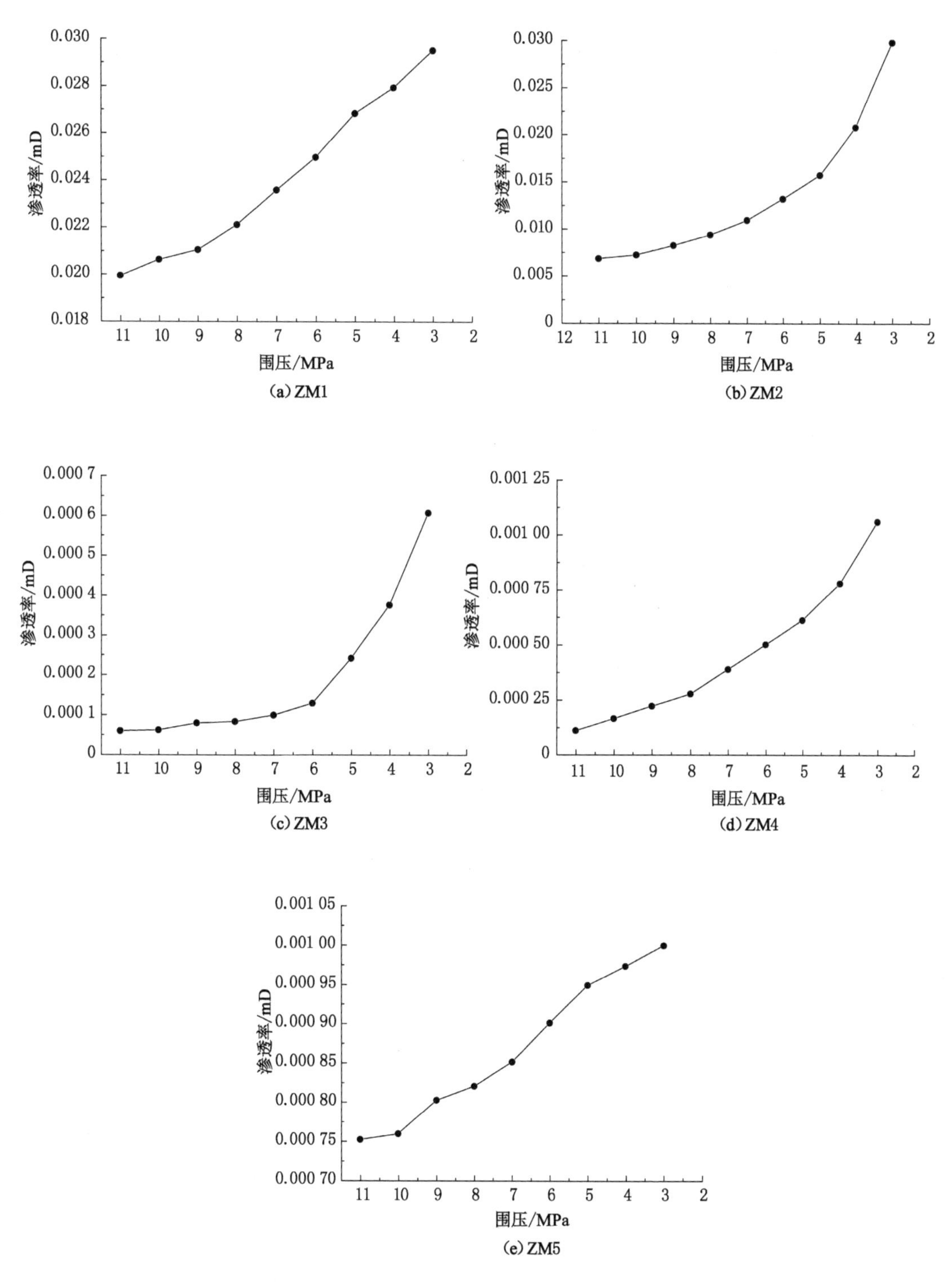

图 5-11　力学路径 1 恒轴压卸围压过程中围压与渗透率之间的关系

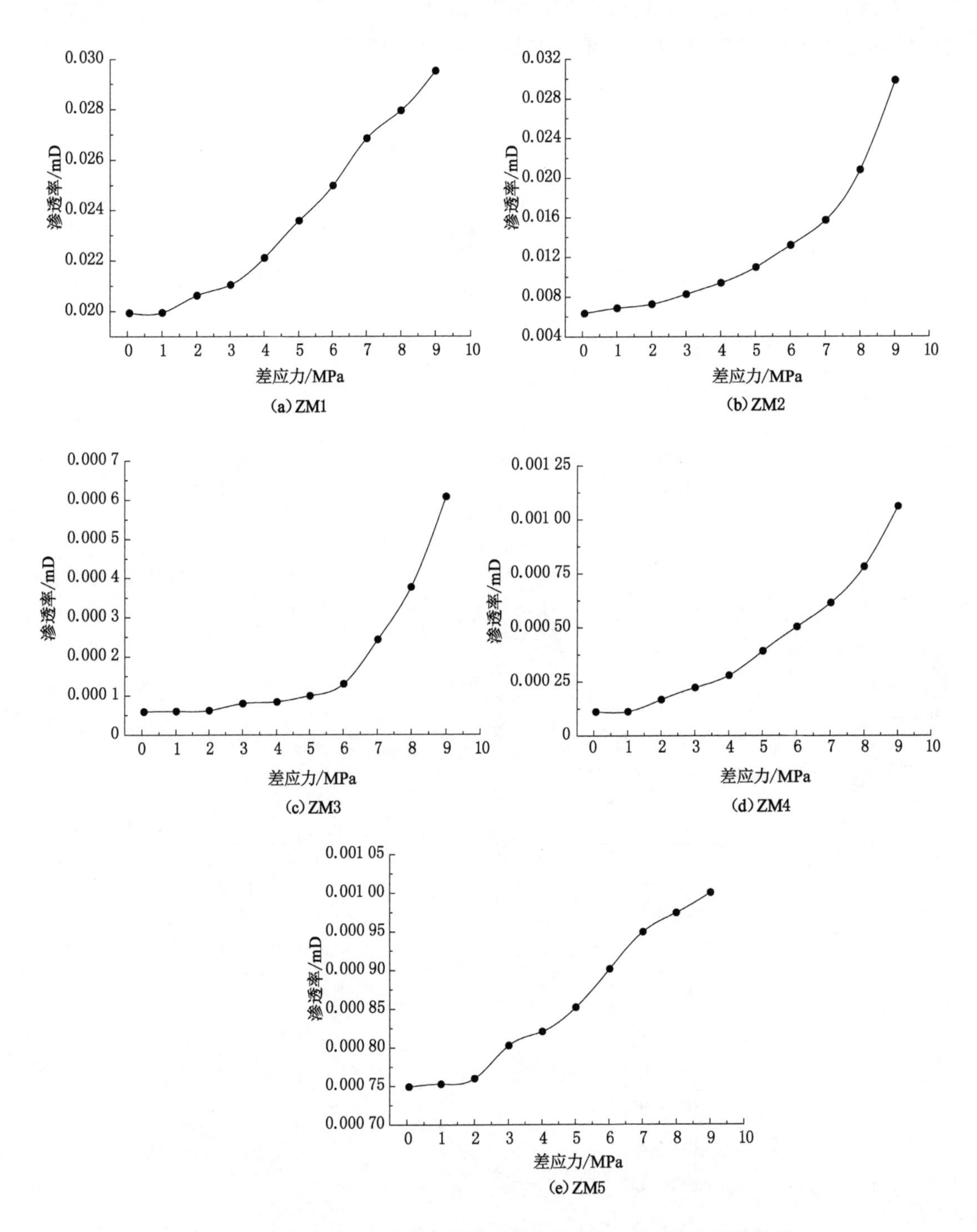

图 5-12　力学路径 1 恒轴压卸围压过程中差应力与渗透率之间的关系

分析图 5-11 和图 5-12 可知，各向异性高阶煤在力学路径 1 恒轴压卸围压条件下渗透率表现出较大的差异，煤样的渗透率随着围压的减小逐渐增加，力学路径 1 恒轴压卸围压过程中围压的降幅为 72.72%，各向异性高阶煤渗透率的增幅倍数分别为 0.48、3.70、9.31、8.50

和0.34。在此过程中斜交层理煤样ZM2、ZM3和ZM4渗透率增幅的平均值最大，平行层理煤样ZM1渗透率增幅次之，垂直层理煤样ZM5渗透率增幅最小。

5.3.2 各向异性高阶煤在力学路径2下渗透率的演化规律

将煤样ZM1、ZM2、ZM3、ZM4和ZM5按照实验方案力学路径2进行渗透率实验，加卸载过程中渗透率变化分别如图5-13至图5-17所示。

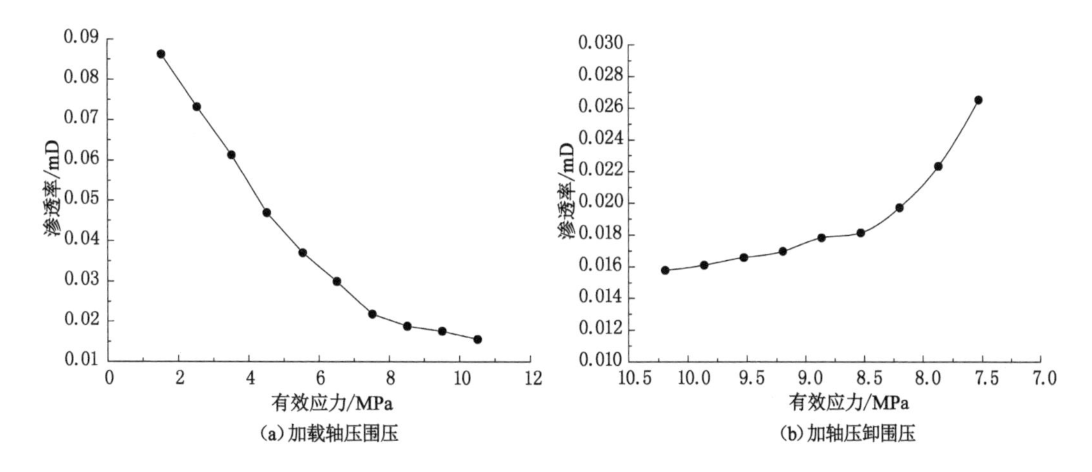

图5-13 煤样ZM1在力学路径2下渗透率变化规律

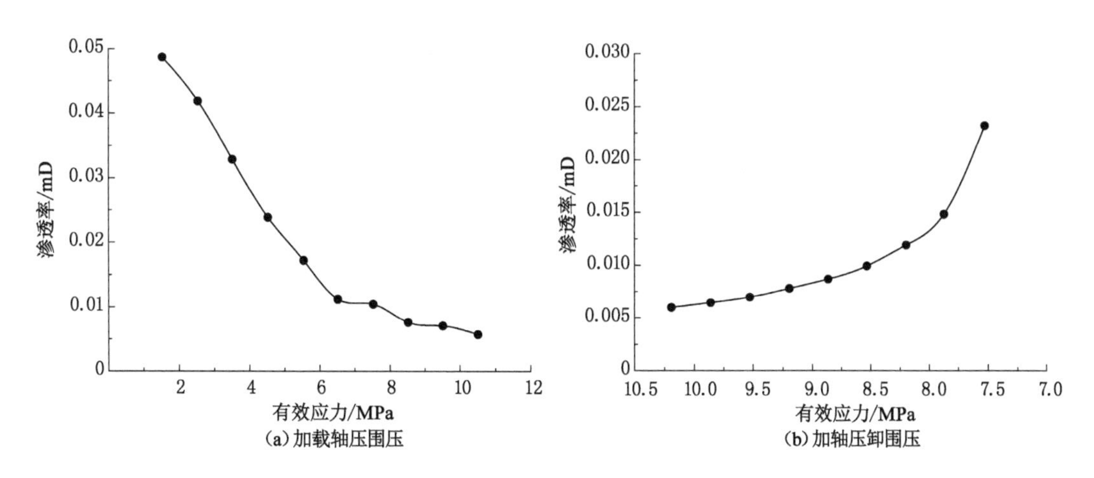

图5-14 煤样ZM2在力学路径2下渗透率变化规律

分析图5-13至图5-17可知，煤样ZM1、ZM2、ZM3、ZM4和ZM5在力学路径2下渗透率变化规律与力学路径1下的变化规律相似，各向异性高阶煤在力学路径2下测试的渗透率均呈现出在加载过程中随着有效应力的增加先快速减小后缓慢减小的规律，在卸载过程中随着有效应力的减小先缓慢增加后快速增加的规律。渗透率呈现这样的变化规律的原因与上述力学路径1下的类似，此处不再赘述。

对力学路径2下加载轴压围压和同时加轴压卸围压过程中渗透率与有效应力的关系进行拟合，拟合结果分别如图5-18和图5-19所示。

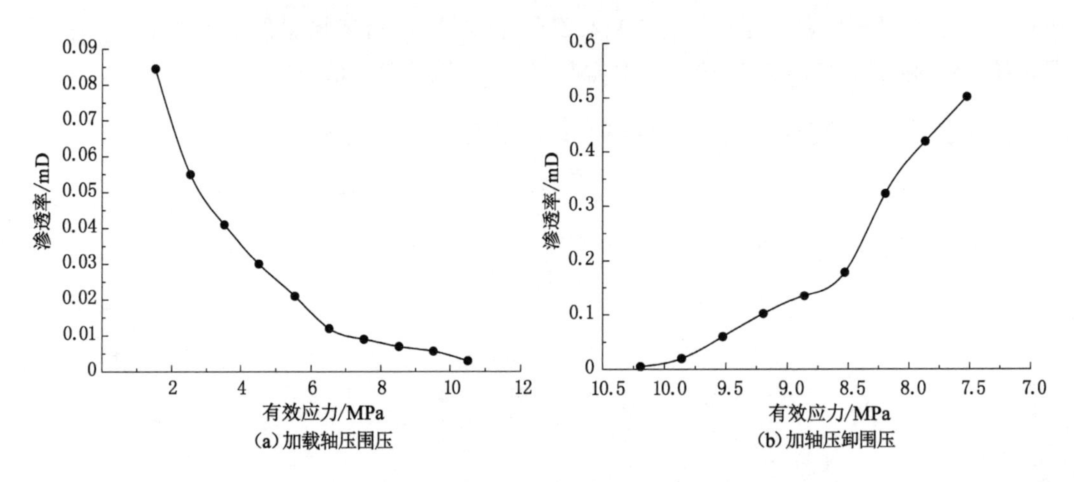

图 5-15 煤样 ZM3 在力学路径 2 下渗透率变化规律

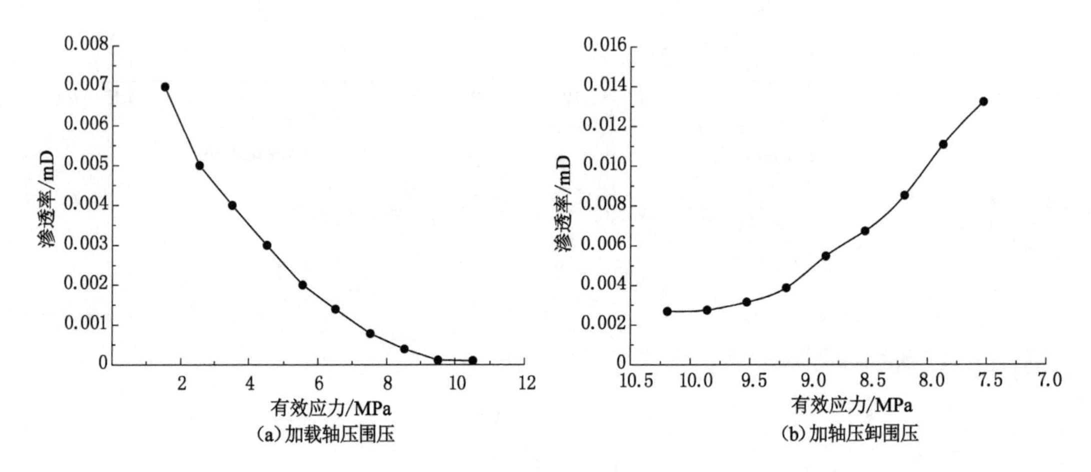

图 5-16 煤样 ZM4 在力学路径 2 下渗透率变化规律

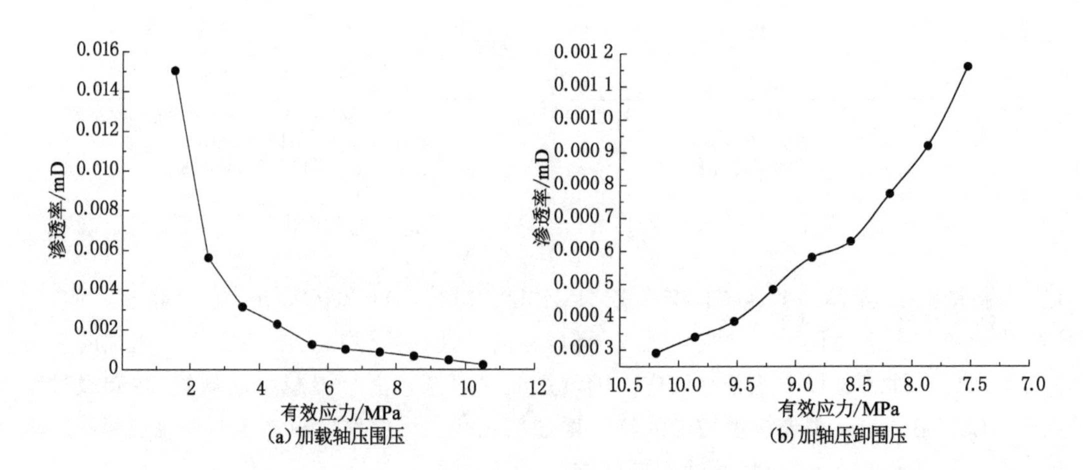

图 5-17 煤样 ZM5 在力学路径 2 下渗透率变化规律

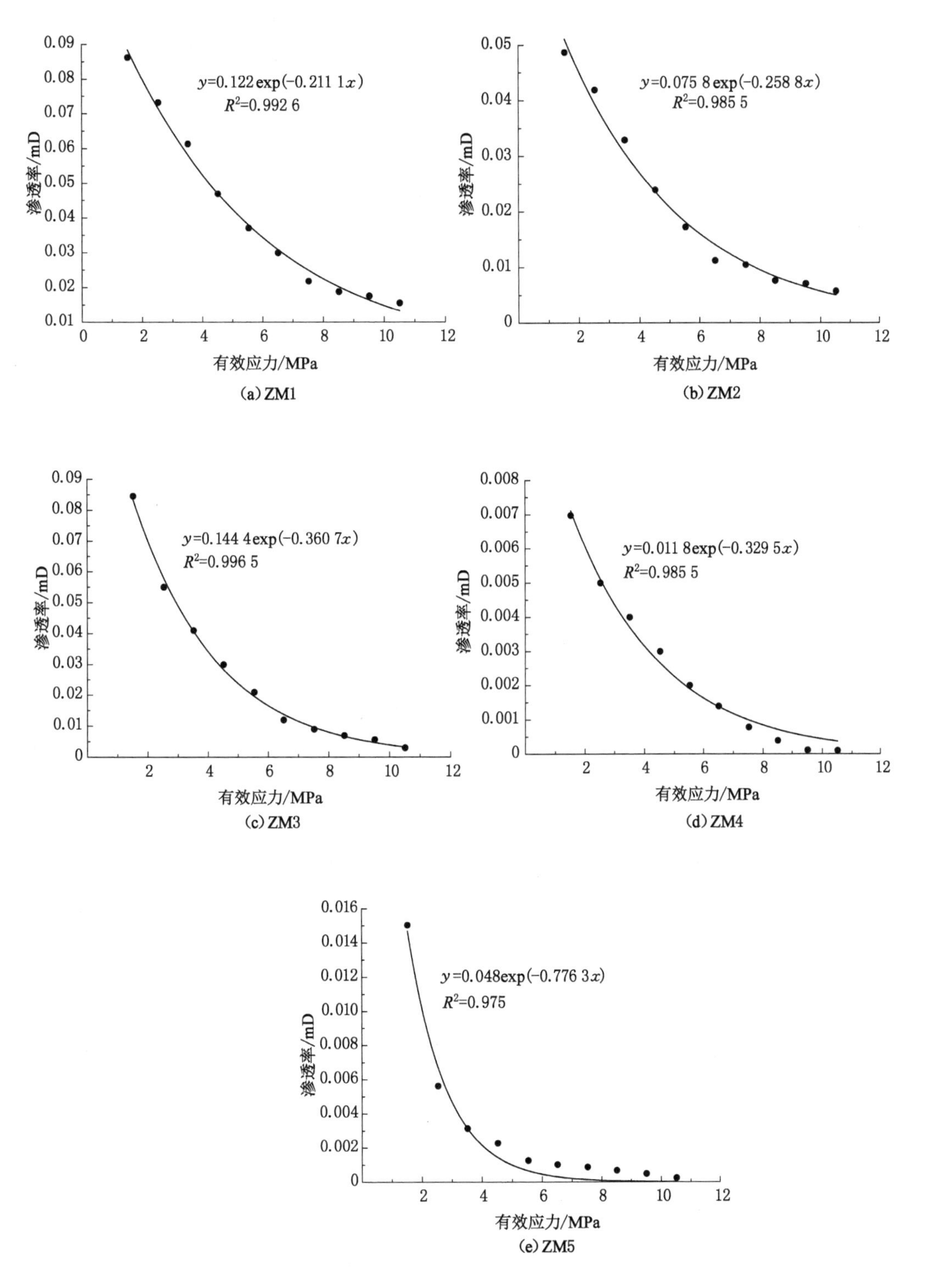

图 5-18 力学路径 2 下加载轴压围压过程中有效应力与渗透率之间的关系

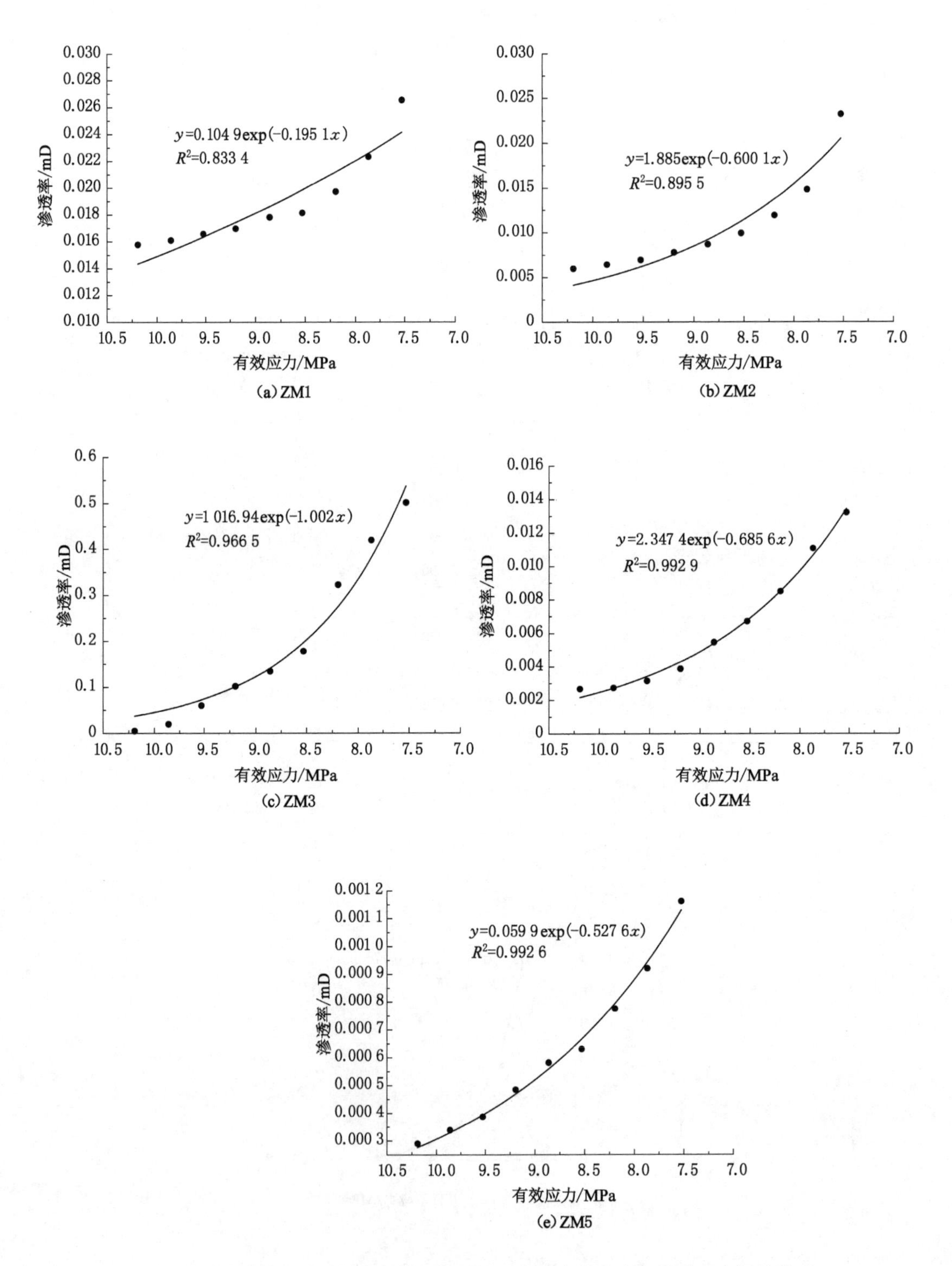

图 5-19 力学路径 2 下同时加轴压卸围压过程中有效应力与渗透率之间的关系

如图 5-18 所示，力学路径 2 下加载轴压围压过程中渗透率与有效应力之间符合 $y=a\exp(bx)$的指数函数关系(其中 a,b 为常数)，相关系数 R 均大于 0.98，函数拟合相关性较好。力学路径 2 下加载轴压围压过程中，随着有效应力的增加，渗透率急剧下降，原因与力学路径 1 下加载轴压围压过程中渗透率变化原因类似，此处不再赘述。

如图 5-19 所示，力学路径 2 下同时加轴压卸围压过程中渗透率与有效应力之间的关系符合 $y=a\exp(bx)$的指数函数关系(其中 a,b 为常数)，相关系数 R 均大于 0.91，函数拟合相关性较好。力学路径 2 下同时加轴压卸围压过程中，随着有效应力的减小，渗透率缓慢上升。究其原因是在力学路径 2 下同时加轴压卸围压过程中煤样所受外界应力逐渐减小，煤样孔裂隙慢慢张开，煤样在外界应力作用下产生塑性变形而产生新的裂隙，即产生新的气体渗流的通道，气体流动的速度逐渐加快，煤样的渗透率也越来越高；轴压的增加以及围压的减小虽然导致有效应力减小，但是差应力增加，所以力学路径 2 下同时加轴压卸围压时，煤样的渗透率是增加的。

进一步探究力学路径 2 下同时加轴压卸围压过程中差应力与渗透率之间的关系，结果如图 5-20 所示。

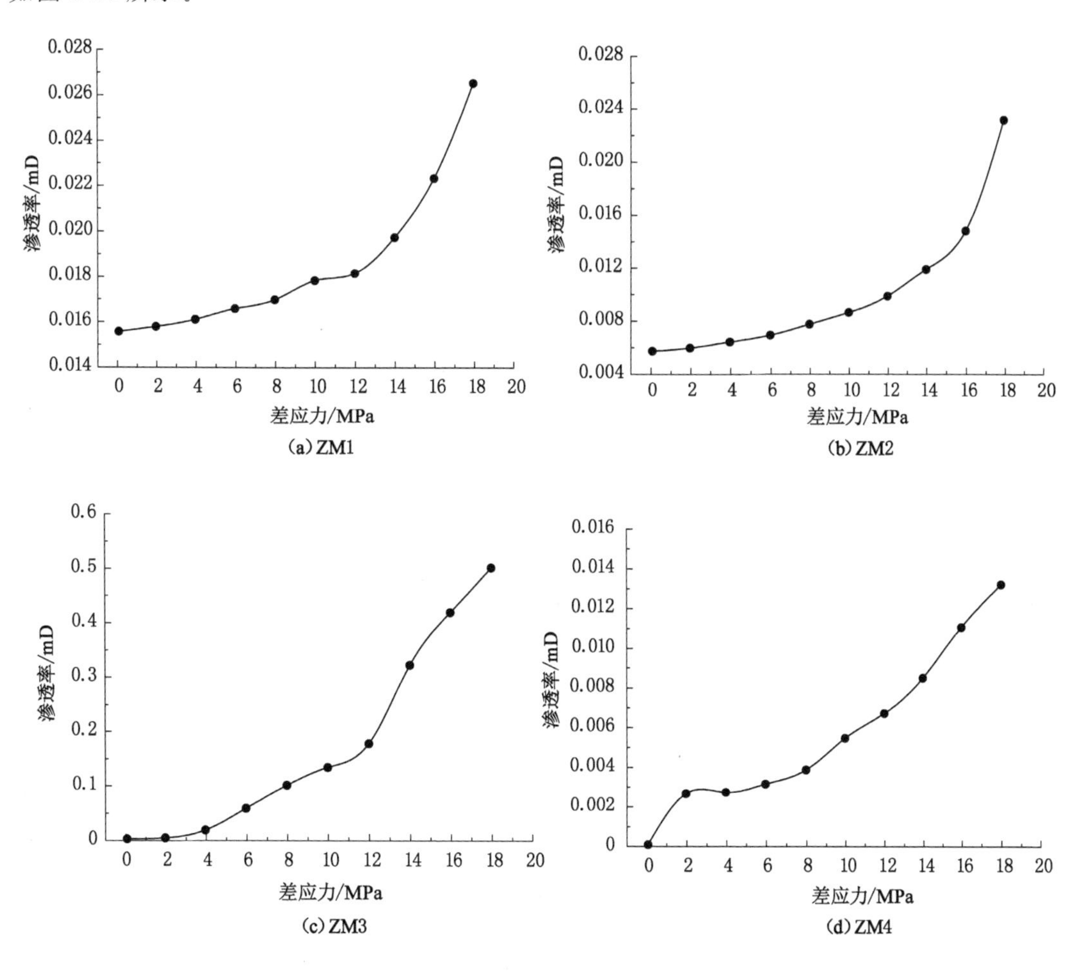

图 5-20　力学路径 2 下同时加轴压卸围压过程中差应力与渗透率之间的关系

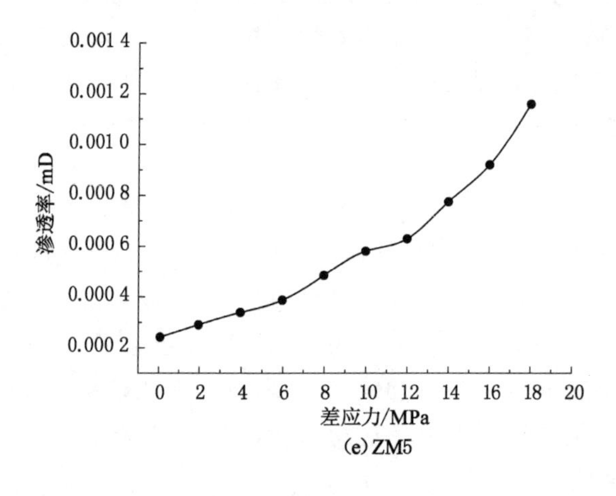

图 5-20(续)

分析图 5-20 可知,各向异性高阶煤在力学路径 2 同时加轴压卸围压条件下渗透率表现出较大的差异,煤样的渗透率随着差应力的增加逐渐增加,力学路径 2 同时加轴压卸围压过程中差应力增加了 20 MPa,各向异性高阶煤渗透率的增幅倍数分别为 0.71、3.05、166.2、131.2 和 3.78。在此过程中斜交层理煤样 ZM2、ZM3 和 ZM4 渗透率增幅的平均值最大。

5.4 各向异性高阶煤渗透率演化差异分析

为进一步分析各向异性高阶煤在不同的力学路径下渗透率的变化规律,探究层理构造对煤样渗透率的影响。各向异性高阶煤在力学路径 1 下加载轴压围压过程中初始渗透率、末期渗透率(轴压和围压加载至 12 MPa),恒轴压卸围压过程中末期渗透率,以及在力学路径 2 下加载轴压围压过程中初始渗透率、末期渗透率(轴压和围压加载至 12 MPa),同时加轴压卸围压过程中末期渗透率的测试结果分别如表 5-3 和表 5-4 所示。

表 5-3 各向异性高阶煤在力学路径 1 下渗透率测试结果

煤样编号	加载轴压围压初始渗透率/mD	加载轴压围压末期渗透率(恒轴压卸围压初始)/mD	加载轴压围压过程渗透率降幅/%	恒轴压卸围压末期渗透率/mD	恒轴压卸围压过程渗透率增幅倍数
ZM1	0.092 14	0.019 94	78.36	0.029 51	0.48
ZM2	0.067 11	0.006 34	90.55	0.029 81	3.70
ZM3	0.087 43	0.000 059	99.93	0.000 61	9.34
ZM4	0.033 73	0.000 112	99.67	0.001 06	8.46
ZM5	0.017 02	0.000 749	95.60	0.001 00	0.34

表 5-4 各向异性高阶煤在力学路径 2 下渗透率测试结果

煤样编号	加载轴压围压初始渗透率/mD	加载轴压围压末期渗透率(同时加轴压卸围压初始渗透率)/mD	加载轴压围压过程渗透率降幅/%	同时加轴压卸围压末期渗透率/mD	同时加轴压卸围压过程渗透率增幅倍数
ZM1	0.086 24	0.015 57	81.95	0.026 54	0.70
ZM2	0.048 70	0.005 74	88.21	0.023 22	3.05
ZM3	0.084 53	0.003 00	96.45	0.501 47	166.16
ZM4	0.006 98	0.000 10	98.57	0.013 22	131.20
ZM5	0.015 04	0.000 24	98.40	0.001 16	3.83

分析表 5-3 和表 5-4 可知，在力学路径 1 的实验条件下平行层理煤样 ZM1 加载轴压围压初始渗透率最大，是垂直层理煤样 ZM5 加载轴压围压初始渗透率的 5.41 倍，斜交层理煤样 ZM2、ZM3 和 ZM4 加载轴压围压初始渗透率次之，其平均初始渗透率是垂直层理煤样 ZM5 加载轴压围压初始渗透率的 3.69 倍，垂直层理煤样 ZM5 加载轴压围压初始渗透率最小。这是因为在 3 MPa 轴压和 3 MPa 围压的初始条件下，平行层理煤样 ZM1 的层理方向与瓦斯流向煤样夹持器的方向一致，瓦斯气体沿着层理面上的裂隙方向通过煤样，因此测得平行层理煤样 ZM1 加载轴压围压初始渗透率最大；垂直层理煤样 ZM5 瓦斯流动的方向与层理构造的方向垂直，在一定程度上阻碍了瓦斯在煤样中的流动，因此测得垂直层理煤样的初始渗透率最小；斜交层理煤样 ZM2、ZM3 和 ZM4 的层理方向既不平行于瓦斯的流动方向，也不垂直于瓦斯的流动方向，因此测得的斜交层理煤样的加载轴压围压初始渗透率处于平行层理煤样 ZM1 和垂直层理煤样 ZM5 的初始渗透率之间。在力学路径 1 下加载轴压围压过程中，各向异性高阶煤渗透率降幅均较大，都达到了 78%以上，斜交层理煤样 ZM2、ZM3 和 ZM4 加载轴压和围压过程中渗透率的降幅的平均值大于平行层理煤样 ZM1 和垂直层理煤样 ZM5。这是因为在层理面上分布发育的孔裂隙，根据勾股定理及微积分原理可知斜交层理煤样层理面上的孔的数量多于垂直层理和平行层理煤样，在外力载荷作用下，孔的闭合效应对瓦斯气体在煤样中流动的阻碍作用也较大，因此测得斜交层理煤样 ZM2、ZM3 和 ZM4 在力学路径 1 下加载轴压和围压过程中渗透率的降幅的平均值大于平行层理煤样 ZM1 和垂直层理煤样 ZM5。在力学路径 1 下恒轴压卸围压过程中斜交层理煤样 ZM2、ZM3 和 ZM4 渗透率的增幅平均值是垂直层理煤样 ZM5 恒轴压卸围压过程中渗透率的增幅的 21.1 倍，是平行层理煤样 ZM1 恒轴压卸围压过程中渗透率的增幅的 14.93 倍。究其原因是力学路径 1 下恒轴压卸围压过程中渗透率随着有效应力的减小而增大，当卸载到某一特定值后，渗透率增加的速度有了显著的上升，推断此时煤样中生成了新的裂隙，斜交层理煤样沿着层理面剪切破坏，生成大量的裂隙并且层理面上裂隙相互贯通，因此力学路径 1 下恒轴压卸围压过程中斜交层理煤样 ZM2、ZM3 和 ZM4 渗透率的增幅平均值是最大的。

在力学路径 2 下加载轴压和围压过程中，各向异性高阶煤渗透率降幅均较大，都达到了 81%以上；平行层理煤样 ZM1 加载轴压围压初始渗透率最大，是垂直层理煤样 ZM5 加载轴压围压初始渗透率的 5.73 倍，斜交层理煤样 ZM2、ZM3 和 ZM4 加载轴压围压初始渗透率次之，其平均渗透率是垂直层理煤样 ZM5 加载轴压围压初始渗透率的 3.11 倍，垂直层理煤样 ZM5 加载轴压围压初始渗透率最小。力学路径 2 下同时加轴压卸围压过程中斜交层理煤样 ZM2、ZM3 和 ZM4 渗透率的增幅的平均值是垂直层理煤样 ZM5 同时加轴压卸围压过程中渗透率的增幅的 26.15 倍，是平行层理煤样 ZM1 同时加轴压卸围压过程中渗透率的增幅的 143.05 倍。出现此现象的原因与上述力学路径 1 下的类似，此处不再赘述。

对比分析力学路径 1 和力学路径 2，力学路径 1 下恒轴压卸围压过程中，有效应力下降了 56.98%，平行层理煤样 ZM1 渗透率增幅，斜交层理煤样 ZM2、ZM3 和 ZM4 渗透率增幅平均值和垂直层理煤样 ZM5 渗透率增幅倍数分别为 0.48、7.17 和 0.34。力学路径 2 下同时加轴压卸围压过程中，有效应力下降了 28.49%，平行层理煤样 ZM1 渗透率增幅，斜交层理煤样 ZM2、ZM3 和 ZM4 渗透率增幅平均值和垂直层理煤样 ZM5 渗透率增幅倍数分别为 0.70、100.14 和 3.83。力学路径 2 下同时加轴压卸围压过程中有效应力下降幅度是力学路径 1 下恒轴压卸围压过程中有效应力下降幅度的 1/2，力学路径 2 下同时加轴压卸围压过程中平行层理煤样 ZM1 渗透率增幅，斜交层理煤样 ZM2、ZM3 和 ZM4 渗透率增幅平均值和垂直层理煤样 ZM5 渗透率增幅分别为力学路径 1 下恒轴压卸围压过程中平行层理煤样 ZM1 渗透率增幅，斜交层理煤样 ZM2、ZM3 和 ZM4 渗透率增幅平均值和垂直层理煤样 ZM5 渗透率增幅的 1.46 倍、13.97 倍和 11.26 倍。由此说明力学路径 2 下同时加轴压卸围压比力学路径 1 下保持轴压不变卸围压对煤样渗透率的影响更大，对煤样的损伤也更大。

5.5 本章小结

利用煤岩三轴吸附-解吸-渗流实验系统，开展了各向异性高阶煤在两种力学路径下的瓦斯渗流实验，得到了各向异性高阶煤在不同力学路径下渗透率的变化规律，建立了有效应力、差应力与渗透率之间的函数关系，分析了不同力学路径下各向异性高阶煤渗透率演化的差异性。得到的主要结论如下：

① 各向异性高阶煤在力学路径 1 下呈现出加载轴压围压时渗透率随着有效应力的增加先快速减小后缓慢减小的规律，力学路径 1 下加载轴压围压和恒轴压卸围压过程中的渗透率与有效应力之间符合 $y=a\exp(bx)$ 的指数函数关系，力学路径 1 下恒轴压卸围压过程中的渗透率随着围压的减小逐渐增加，随着差应力的增加逐渐增加；各向异性高阶煤在力学路径 2 下渗透率与有效应力之间符合 $y=a\exp(bx)$ 的指数函数关系，力学路径 2 下同时加轴压卸围压过程中的渗透率随着差应力的增加逐渐增加。

② 各向异性高阶煤在力学路径 1 下平行层理煤样 ZM1 加载轴压围压初始渗透率最大，是垂直层理煤样 ZM5 初始渗透率的 5.41 倍，斜交层理煤样 ZM2、ZM3 和 ZM4 加载轴压围压初始渗透率次之，其平均初始渗透率是垂直层理煤样 ZM5 初始渗透率的 3.69 倍，垂直层理煤样 ZM5 初始渗透率最小，在力学路径 2 下呈现相似规律。在力学路径 1 下恒轴压卸围压过程中斜交层理煤样 ZM2、ZM3 和 ZM4 渗透率的增幅的平均值最大，在力学路径 2 下同时加轴压卸围压过程呈现相似规律。在力学路径 2 下同时增加轴压卸围压比在力学路径 1 下保持轴压不变卸围压对煤样的渗透率的影响更大，对煤样的损伤也更大。

6　各向异性煤岩的渗透率演化模型及流固耦合模型

煤层渗透率是反映煤层瓦斯渗流难易程度和影响瓦斯抽采效果的重要参数。国内外专家学者针对煤层渗透特性开展了许多研究工作，在煤层渗透率演化模型及流固耦合模型构建方面取得了一些研究成果。

目前，在瓦斯(煤层气)抽采过程中渗透率动态变化规律方面，人们提出了许多渗透率动态演化模型，但这些模型大多将煤层视为各向同性体，未考虑煤层因层理和裂隙结构差异造成的结构异性、煤层渗透率的各向异性和煤层吸附膨胀变形各向异性对煤层瓦斯运移的影响。本章在考虑上述因素的基础上，根据渗流力学和弹性力学等相关理论，构建考虑各向异性煤的渗透率演化模型及流固耦合模型，研究成果可为矿井瓦斯抽采的数值模拟提供重要的理论支持。

6.1　模型的简化与假设

瓦斯在煤层中运移受到有效应力作用、气体流动、煤基质吸附膨胀、解吸收缩效应等因素的影响，煤层瓦斯渗流是在复杂流固耦合作用下进行的。为了更好地理解这一过程，本书基于裂隙-孔隙双重介质模型构建煤的简化物理模型。

大量的现场观测与实验数据证明：煤体内部存在大量的天然裂隙，这些裂隙可分为层理、面割理和端割理三种相互正交的形式[139-141]，如图 6-1 所示。因此，将所研究的煤层视为正交各向异性体，简化的物理模型如图 6-2 所示。

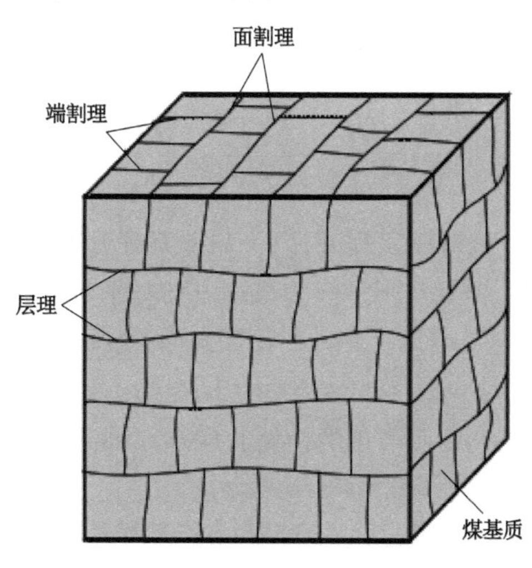

图 6-1　煤层结构示意

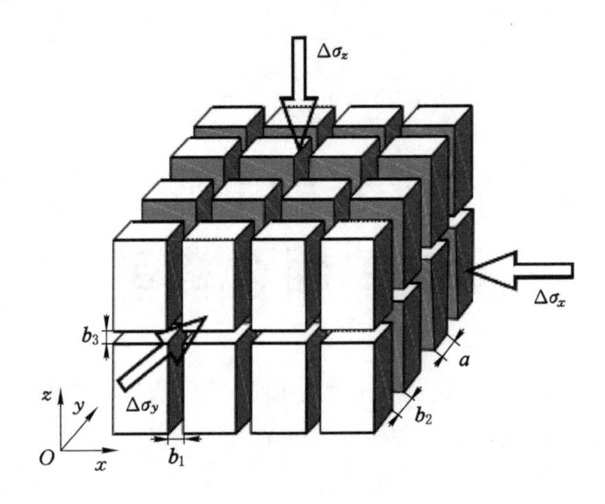

图 6-2　正交各向异性煤层物理模型

根据图 6-2 所示的煤层物理模型，设面割理、端割理和层理面分别与 x 轴、y 轴和 z 轴垂直，b_1，b_2，b_3 分别为面割理、端割理和层理的开度，a 为裂隙间距。不同方向裂隙开度和间距的差异，导致煤体结构本身的各向异性。x、y、z 三个方向有效应力的不同导致煤层吸附变形各向异性，从而导致煤层在不同割理方向的各向异性。

瓦斯抽采渗流耦合是一个多学科交叉的复杂问题。为突出研究的重点，需要做以下基本假设：

① 含瓦斯煤体存在各向异性，且骨架不可压缩。

② 煤层瓦斯为理想气体，且瓦斯流动符合达西定律。

③ 静水压力下的煤体变形处于线弹性变形阶段，服从广义的胡克定律。

④ 气体运移过程是等温的，不考虑温度变化引起的气体动力黏度改变。

⑤ 煤层为弹性双重孔隙介质。

6.2　煤层裂隙孔隙率模型

根据裂隙孔隙率定义[142]可知：

$$\varphi_0 = \sum_i \frac{b_i}{a_0} = \frac{b_1 + b_2 + b_3}{a_0} \tag{6-1}$$

通常来说，层理开度 b_3 相对面割理开度 b_1 和端割理开度 b_2 更大，面割理开度 b_1 和端割理开度 b_2 相差不大，因此原始煤层中垂直层理方向与平行层理方向的结构异性是煤体结构异性的主要原因。可以定义煤体结构异性比如式(6-2)所示：

$$b_1 : b_2 : b_3 = b : b : nb = 1 : 1 : n \tag{6-2}$$

式中，b_1，b_2，b_3 为面割理、端割理和层理的初始开度；n 为煤层层理开度与割理开度之比，即煤体结构异性比。

将式(6-2)代入式(6-1)，则煤层初始孔隙率可表示为：

$$\varphi_0 = \frac{b_1 + b_2 + b_3}{a_0} = \frac{b_1 + b_1 + nb_1}{a_0} = (2+n)\frac{b_1}{a_0} \tag{6-3}$$

6.3 煤层各向异性渗透率演化模型

煤的裂隙变化规律是由裂隙结构面的空间位置及自然特征决定的。结构面的几何特征直接影响裂隙介质渗透性的大小、方向和规律。由于地质构造等影响，煤层裂隙分布密度和裂隙开度呈现非均匀特性，并且煤层开采时，裂隙开度还受到应力场的影响。煤的裂隙开度变化包括以下三种情况。

(1) 有效应力压缩裂隙引起的裂隙开度变化量(Δb_{f})

有效应力的表达式如下：

$$\sigma_{\mathrm{e},i} = \sigma_i - p \tag{6-4}$$

应力和瓦斯压力变化引起的有效应力变化，其表达式为：

$$\Delta\sigma_{\mathrm{e},i} = (\sigma_i - \sigma_0) - (p - p_0) \tag{6-5}$$

裂隙压缩系数 C_{f} 定义为孔隙率随应力的变化率，即

$$C_{\mathrm{f}} = \frac{-1}{\varphi_0}\frac{\Delta\varphi}{\Delta\sigma_{\mathrm{e},i}} \tag{6-6}$$

由式(6-1)可知：

$$\Delta\varphi = \varphi - \varphi_0 = (2 + n)\frac{\Delta b_{\mathrm{f},i}}{a_0} \tag{6-7}$$

将式(6-1)、式(6-5)与式(6-7)代入式(6-6)，整理得：

$$\Delta b_{\mathrm{f},i} = -b_1 C_{\mathrm{f}}[(\sigma_i - \sigma_0) - (p - p_0)] \tag{6-8}$$

式中，下标 i 代表方向；$\sigma_{\mathrm{e},i}$ 为 i 方向上的有效应力，MPa；σ_i 为 i 方向上的总应力，MPa；σ_0 为初始总应力，MPa；p 为瓦斯压力，MPa；p_0 为初始瓦斯压力，MPa。

(2) 瓦斯压力压缩基质引起的裂隙开度变化量(Δb_{m})

裂隙内的瓦斯压力对煤基质有压缩作用，因此瓦斯压力的变化对裂隙开度有显著的影响。在煤体内，煤基质被裂隙包围分割，只是在极少处与相邻基质接触。因此，可以忽略煤基质间的接触，将煤体抽象成由裂隙完全分割的立方体模型。在这种情况下，瓦斯压力对煤基质的压缩作用可以等同于裂隙开度的增加。可假设煤基质压缩引起的裂隙变化主要是由于瓦斯压力的作用，则煤基质的体应变 $\varepsilon_{\mathrm{vm}}$ 为：

$$-\varepsilon_{\mathrm{vm}} = \frac{V - V_0}{V_0} = \frac{p - p_0}{K} = \frac{3(1 - 2\nu)(p - p_0)}{E} \tag{6-9}$$

式中，V 为煤的孔隙体积，m^3；V_0 为煤的初始孔隙体积，m^3；K 为煤的体积模量，MPa；E 为煤的弹性模量，MPa；ν 为煤的泊松比。

对于结构异性的煤体介质，其线应变 $\varepsilon_{\mathrm{lm}}$ 为：

$$\begin{cases} \varepsilon_{\mathrm{lm},x} = \dfrac{1}{n+2}\varepsilon_{\mathrm{vm}} = -\dfrac{3(1-2\nu)(p-p_0)}{(n+2)E_x} \\ \varepsilon_{\mathrm{lm},y} = \dfrac{1}{n+2}\varepsilon_{\mathrm{vm}} = -\dfrac{3(1-2\nu)(p-p_0)}{(n+2)E_y} \\ \varepsilon_{\mathrm{lm},z} = \dfrac{n}{n+2}\varepsilon_{\mathrm{vm}} = -\dfrac{3n(1-2\nu)(p-p_0)}{(n+2)E_z} \end{cases} \tag{6-10}$$

根据线应变定义：

$$\varepsilon_{\mathrm{lm}} = \frac{\Delta a}{a_0} = \frac{a - a_0}{a_0} \tag{6-11}$$

式中，a 为裂隙间距，m；a_0 为初始裂隙间距，m。

煤基质长度的增加引起等量的裂隙开度减小，即

$$\Delta a = -\Delta b \tag{6-12}$$

因此，瓦斯压力压缩基质引起的裂隙开度变化量 Δb_{m} 为：

$$\begin{cases} \Delta b_{\mathrm{m},x} = \dfrac{3a_0(1-2\nu)(p-p_0)}{(n+2)E_x} \\ \Delta b_{\mathrm{m},y} = \dfrac{3a_0(1-2\nu)(p-p_0)}{(n+2)E_y} \\ \Delta b_{\mathrm{m},z} = \dfrac{3na_0(1-2\nu)(p-p_0)}{(n+2)E_z} \end{cases} \tag{6-13}$$

式中，E_x、E_y、E_z 分别为煤体沿 x、y、z 方向的弹性模量，MPa。

(3) 吸附膨胀变形引起的裂隙开度变化量(Δb_{s})

煤层中的瓦斯随瓦斯压力的增加而吸附到煤表面，随瓦斯压力的减小而从煤的表面解吸。瓦斯分子的吸附膨胀或解吸收缩使煤基质的长度发生变化。因此，吸附解吸引起的应变仅是瓦斯压力的函数，不依赖于上覆岩层压力的变化。由于瓦斯吸附引起的煤基质应变的测量实际上并不容易，为简化计算，煤基质吸附变形引起的煤基质长度的变化引起等量的煤裂隙开度的变化，即 $\Delta a_{\mathrm{s}} = -\Delta b_{\mathrm{s}}$。

瓦斯压力改变引起的煤基质吸附变形：

$$\varepsilon_{\mathrm{ls},i} = \frac{\varepsilon_{\mathrm{l},i}\,p}{p_{\mathrm{L}} + p} \tag{6-14}$$

煤层吸附膨胀引起的线应变 $\varepsilon_{\mathrm{ls},i}$ 可以用式(6-14)表征的应变曲线的两点之差来定义：

$$\varepsilon_{\mathrm{ls},i} = \frac{\varepsilon_{\mathrm{l},i}\,p}{p_{\mathrm{L}} + p} - \frac{\varepsilon_{\mathrm{l},i}\,p_0}{p_{\mathrm{L}} + p_0} = \frac{\varepsilon_{\mathrm{l},i}\,p_{\mathrm{L}}}{(p_{\mathrm{L}} + p)(p_{\mathrm{L}} + p_0)}(p - p_0) \tag{6-15}$$

由式(6-11)可知：

$$\Delta a_{\mathrm{s}} = a_0 \varepsilon_{\mathrm{ls}} \tag{6-16}$$

因此，吸附膨胀变形引起的煤基质长度的变化量 Δa_{s} 为：

$$\Delta a_{\mathrm{s},i} = \frac{a_0 \varepsilon_{\mathrm{l},i}\,p_{\mathrm{L}}}{(p_{\mathrm{L}} + p)(p_{\mathrm{L}} + p_0)}(p - p_0) \tag{6-17}$$

所以，吸附膨胀变形引起的裂隙开度的变化量 Δb_{s} 为：

$$\Delta b_{\mathrm{s},i} = \frac{-a_0 \varepsilon_{\mathrm{l},i}\,p_{\mathrm{L}}}{(p_{\mathrm{L}} + p)(p_{\mathrm{L}} + p_0)}(p - p_0) \tag{6-18}$$

式中，$\varepsilon_{\mathrm{l},i}$ 为朗缪尔应变常数；p_{L} 为朗缪尔压力常数，MPa；a_0 为初始裂隙间距，m。

综上所述，裂隙开度的总变化量 Δb_i 为：

$$\Delta b_i = \Delta b_{\mathrm{f},i} + \Delta b_{\mathrm{m},i} + \Delta b_{\mathrm{s},i} \tag{6-19}$$

如图 6-2 所示，假设有 3 组互相垂直的裂隙，则在 i 方向上的渗透率和与其互相垂直的两组裂隙有关。根据魏明尧[143]的计算方法，可以得到各坐标轴方向的渗透率模型：

$$\begin{cases}\dfrac{k_x}{k_{x0}}=\dfrac{(b_2+\Delta b_2)^3+(b_3+\Delta b_3)^3}{b_2^3+b_3^3}\\ \dfrac{k_y}{k_{y0}}=\dfrac{(b_1+\Delta b_1)^3+(b_3+\Delta b_3)^3}{b_1^3+b_3^3}\\ \dfrac{k_z}{k_{z0}}=\dfrac{(b_1+\Delta b_1)^3+(b_2+\Delta b_2)^3}{b_1^3+b_2^3}\end{cases}\tag{6-20}$$

将式(6-2)、式(6-8)、式(6-13)、式(6-18)和式(6-19)代入式(6-20)得：

$$\begin{aligned}\frac{k_x}{k_{x0}}&=\frac{1}{1+n^3}\frac{(b_2+\Delta b_2)^3}{b_2^3}+\frac{n^3}{1+n^3}\frac{(b_3+\Delta b_3)^3}{b_3^3}\\&=\frac{1}{1+n^3}\left\{1-C_{f,y}[(\sigma_y-\sigma_0)-(p-p_0)]+\frac{3(1-2\nu)(p-p_0)}{\varphi_0E_y}+\frac{(n+2)\varepsilon_{l,y}p_L}{\varphi_0(p_L+p)(p_L+p_0)}(p-p_0)\right\}^3+\\&\quad\frac{n^3}{1+n^3}\left\{1-C_{f,z}[(\sigma_z-\sigma_0)-(p-p_0)]+\frac{3(1-2\nu)(p-p_0)}{\varphi_0E_z}+\frac{(n+2)\varepsilon_{l,z}p_L}{n\varphi_0(p_L+p)(p_L+p_0)}(p-p_0)\right\}^3\end{aligned}\tag{6-21}$$

$$\begin{aligned}\frac{k_y}{k_{y0}}&=\frac{1}{1+n^3}\frac{(b_1+\Delta b_1)^3}{b_1^3}+\frac{n^3}{1+n^3}\frac{(b_3+\Delta b_3)^3}{b_3^3}\\&=\frac{1}{1+n^3}\left\{1-C_{f,x}[(\sigma_x-\sigma_0)-(p-p_0)]+\frac{3(1-2\nu)(p-p_0)}{\varphi_0E_x}+\frac{(n+2)\varepsilon_{l,x}p_L}{\varphi_0(p_L+p)(p_L+p_0)}(p-p_0)\right\}^3+\\&\quad\frac{n^3}{1+n^3}\left\{1-C_{f,z}[(\sigma_z-\sigma_0)-(p-p_0)]+\frac{3(1-2\nu)(p-p_0)}{\varphi_0E_z}+\frac{(n+2)\varepsilon_{l,z}p_L}{n\varphi_0(p_L+p)(p_L+p_0)}(p-p_0)\right\}^3\end{aligned}\tag{6-22}$$

$$\begin{aligned}\frac{k_z}{k_{z0}}&=\frac{1}{2}\frac{(b_1+\Delta b_1)^3}{b_1^3}+\frac{1}{2}\frac{(b_2+\Delta b_2)^3}{b_2^3}\\&=\frac{1}{2}\left[1-C_{f,x}[(\sigma_x-\sigma_0)-(p-p_0)]+\frac{3(1-2\nu)(p-p_0)}{\varphi_0E_x}+\frac{(n+2)\varepsilon_{l,x}p_L}{\varphi_0(p_L+p)(p_L+p_0)}(p-p_0)\right]^3+\\&\quad\frac{1}{2}\left\{1-C_{f,y}[(\sigma_y-\sigma_0)-(p-p_0)]+\frac{3(1-2\nu)(p-p_0)}{\varphi_0E_y}+\frac{(n+2)\varepsilon_{l,y}p_L}{\varphi_0(p_L+p)(p_L+p_0)}(p-p_0)\right\}^3\end{aligned}\tag{6-23}$$

6.4　煤岩体变形场控制方程

6.4.1　应力平衡方程

太沙基有效应力方程对于土壤及松散度较高的颗粒介质较为适用，而应用于胶结程度较高的多重孔隙介质则不太准确。依据含瓦斯煤双重孔隙介质物理模型[144]，修正了太沙基有效应力方程：

$$\sigma_{ij}-(\beta_f p_f+\beta_m p_m)\delta_{ij}+F_i=0\tag{6-24}$$

式中，σ_{ij} 为外部应力，MPa；β_f 与 β_m 分别为裂隙与孔隙的有效应力系数；p_f 与 p_m 分别为裂隙与孔隙瓦斯压力，MPa；F_i 为体积力，MPa；δ_{ij} 为克罗内克符号。

式(6-24)中有效应力系数 β_f 与 β_m 可分别由式(6-25)和式(6-26)计算[145-146]：

$$\beta_f=1-\frac{K}{K_m}\tag{6-25}$$

$$\beta_{\mathrm{m}} = \frac{K}{K_{\mathrm{m}}} - \frac{K}{K_{\mathrm{s}}} \tag{6-26}$$

式中，K 为煤的体积模量，MPa；K_{m} 为煤基质的体积模量，MPa；K_{s} 为煤骨架的体积模量，MPa。

6.4.2 几何方程

假设煤岩在地应力影响下发生小变形，则含瓦斯煤岩应变分量与位移分量的方程为：

$$\begin{cases} \varepsilon_x = \dfrac{\partial u}{\partial x}, \quad \gamma_{yz} = \dfrac{\partial w}{\partial y} + \dfrac{\partial v}{\partial z} \\ \varepsilon_y = \dfrac{\partial v}{\partial y}, \quad \gamma_{xz} = \dfrac{\partial w}{\partial x} + \dfrac{\partial u}{\partial z} \\ \varepsilon_z = \dfrac{\partial w}{\partial z}, \quad \gamma_{xy} = \dfrac{\partial v}{\partial x} + \dfrac{\partial u}{\partial y} \end{cases} \tag{6-27}$$

弹性阶段煤骨架发生的变形为小变形，则含瓦斯煤的几何方程为：

$$\varepsilon_{ij} = \frac{1}{2}(u_{i,j} + u_{j,i}) \tag{6-28}$$

式中，ε_{ij}为应变分量；$u_{i,j}$、$u_{j,i}$为变形位移。

6.4.3 本构方程

工作面前方部分煤岩由于应力集中处于塑性变形状态，而处于静水压力状态的煤岩变形处于线弹性阶段。假设煤体的变形处于线弹性阶段且服从广义胡克定律，则其应力分量与应变分量的关系如式(6-29)所示：

$$\begin{cases} \varepsilon_x = \dfrac{1}{E}[\sigma_x - \nu(\sigma_y + \sigma_z)] = \dfrac{1+\nu}{E}\sigma_x - \dfrac{\nu}{E}\sigma_{\mathrm{v}} \\ \varepsilon_y = \dfrac{1}{E}[\sigma_y - \nu(\sigma_x + \sigma_z)] = \dfrac{1+\nu}{E}\sigma_y - \dfrac{\nu}{E}\sigma_{\mathrm{v}} \\ \varepsilon_z = \dfrac{1}{E}[\sigma_z - \nu(\sigma_y + \sigma_x)] = \dfrac{1+\nu}{E}\sigma_z - \dfrac{\nu}{E}\sigma_{\mathrm{v}} \end{cases} \tag{6-29}$$

其张量形式为：

$$\boldsymbol{\varepsilon}_{ij} = \frac{1+\nu}{E}\boldsymbol{\sigma}_{ij} - \frac{\nu}{E}\boldsymbol{\sigma}_{\mathrm{v}}\delta_{ij} \tag{6-30}$$

将由式(6-29)推导的 $\sigma_{\mathrm{v}} = \dfrac{E}{1-2\nu}\varepsilon_{\mathrm{v}}$ 代入式(6-30)，得到煤体变形的本构方程，如式(6-31)所示：

$$\sigma_{ij} = 2G\varepsilon_{ij} + \frac{2\nu G}{1-2\nu}\varepsilon_{\mathrm{v}}\delta_{ij} \tag{6-31}$$

式中，$G = \dfrac{E}{2(1+\nu)}$，为煤的剪切模量，MPa；E 为煤的弹性模量，MPa；ε_{v} 为煤的体积应变。

联立式(6-24)与式(6-31)可得煤岩变形场控制方程，如式(6-32)所示：

$$2G\varepsilon_{ij} + \frac{2\nu G}{1-2\nu}\varepsilon_{\mathrm{v}} - \beta_{\mathrm{f}} p_{\mathrm{f}} - \beta_{\mathrm{m}} p_{\mathrm{m}} + F_i = 0 \tag{6-32}$$

6.5 煤岩瓦斯渗流场控制方程

6.5.1 连续性方程

根据质量守恒定律，煤层瓦斯流动的连续性方程为：

$$\frac{\partial m}{\partial t}+\nabla\cdot(\rho_g q_g)=Q_s \tag{6-33}$$

式中，ρ_g 为瓦斯密度，kg/m^3；q_g 为瓦斯渗流速度，m/s；Q_s 为瓦斯质量源汇项，kg/(m^3 · s)；m 为单位体积煤体瓦斯含量，kg/m^3。

6.5.2 气体状态方程

瓦斯可视为理想气体，瓦斯密度和压力满足：

$$\rho_g=\beta p \tag{6-34}$$

$$\beta=M_g/(RT)$$

式中，ρ_g 为瓦斯密度，kg/m^3；p 为瓦斯压力，Pa；β 为瓦斯的压缩系数，kg/(m^3 · Pa)；M_g 为瓦斯气体的相对分子质量，kg/kmol；R 为摩尔气体常数，kJ/(kmol · K)；T 为绝对温度，K。

6.5.3 煤层瓦斯含量方程

煤层内的瓦斯是以吸附和游离两种状态存在的。含瓦斯煤层渗透系数较小，在钻孔抽采过程中瓦斯压力变化剧烈，可以假设不考虑瓦斯解吸过程，因此单位体积的煤中瓦斯含量 m 由两部分组成：一部分为游离瓦斯含量 m_g；另一部分为吸附瓦斯含量 m_a。游离瓦斯含量可以表示为：

$$m_g=\rho_g\varphi \tag{6-35}$$

根据上述瓦斯含量的基本假设，吸附瓦斯含量满足朗缪尔等温吸附方程：

$$m_a=\rho_a\rho_c\frac{V_L p}{p+p_L} \tag{6-36}$$

式中，ρ_a 为标准状态下的瓦斯密度，kg/m^3；ρ_c 为煤体密度，kg/m^3；V_L 为朗缪尔体积常数，m^3/kg；p_L 为朗缪尔压力常数，MPa。

瓦斯在压力梯度作用下在煤的孔隙裂隙中做渗流运动符合达西定律，同时考虑克林肯贝格效应[147]对渗流的影响，煤层瓦斯的渗流速度 v 为：

$$v=-\frac{k}{\mu}\left(1+\frac{b}{p}\right)\nabla p \tag{6-37}$$

式中，k 为煤层渗透率，m^2；μ 为瓦斯动力黏度，Pa · s；b 为克林肯贝格系数，Pa。

将式(6-34)至式(6-37)代入式(6-33)得到煤岩瓦斯渗流场控制方程：

$$2\left[\rho_a\rho_c\frac{V_L p}{(p+p_L)^2}+\varphi+\frac{1-\varphi}{k_0}p\right]\frac{\partial p}{\partial t}+2p\left(1-\frac{k}{k_0}\right)\frac{\partial\varepsilon_v}{\partial t}-\nabla\cdot\left[\frac{k}{\mu}\left(1+\frac{m}{p}\right)\nabla p^2\right]=0 \tag{6-38}$$

6.6 瓦斯抽采钻孔周围煤体的流固耦合模型

将式(6-3)、式(6-21)、式(6-22)、式(6-23)、式(6-32)和式(6-38)联立得到的方程组如式(6-39)所示，构成了煤体变形场、应力场、渗流场等多个物理场流固耦合模型。在瓦斯抽采过程中，煤体裂隙系统中煤基质之间的裂隙开度变化，这会导致煤体的有效应力发生变化。而有效应力的变化又会改变煤体的孔隙率和渗透率，进一步影响裂隙系统中气体的流动特性。利用该模型能够研究瓦斯抽采过程中渗透率各向异性演化规律，分析影响煤层抽采效果的关键因素，从而为现场煤层抽采钻孔布置提供理论支撑。

$$
\left\{
\begin{aligned}
&2G\varepsilon_{ij}+\frac{2\nu G}{1-2\nu}\varepsilon_{\mathrm{v}}-\beta_{\mathrm{f}}p_{\mathrm{f}}-\beta_{\mathrm{m}}p_{\mathrm{m}}+F_i=0\\
&2\left[\rho_{\mathrm{a}}\rho_{\mathrm{c}}\frac{V_{\mathrm{L}}p}{(p+p_{\mathrm{L}})^2}+\varphi+\frac{1-\varphi}{k_0}p\right]\frac{\partial p}{\partial t}+2p\left(1-\frac{k}{k_0}\right)\frac{\partial \varepsilon_{\mathrm{v}}}{\partial t}-\nabla\cdot\left[\frac{k}{\mu}\left(1+\frac{m}{p}\right)\nabla p^2\right]=0\\
&\frac{k_x}{k_{x0}}=\frac{1}{1+n^3}\frac{(b_2+\Delta b_2)^3}{b_2^3}+\frac{n^3}{1+n^3}\frac{(b_3+\Delta b_3)^3}{b_3^3}\\
&\quad=\frac{1}{1+n^3}\left\{1-C_{\mathrm{f}}[(\sigma_y-\sigma_0)-(p-p_0)]+\frac{3(1-2\nu)(p-p_0)}{\varphi_0E_y}+\right.\\
&\quad\left.\frac{a_0\varepsilon_{1,y}p_{\mathrm{L}}}{b_2(p_{\mathrm{L}}+p)(p_{\mathrm{L}}+p_0)}(p-p_0)\right\}^3+\frac{n^3}{1+n^3}\left\{1-C_{\mathrm{f}}[(\sigma_z-\sigma_0)-(p-p_0)]+\right.\\
&\quad\left.\frac{3(1-2\nu)(p-p_0)}{\varphi_0E_z}+\frac{a_0\varepsilon_{1,z}p_{\mathrm{L}}}{b_3(p_{\mathrm{L}}+p)(p_{\mathrm{L}}+p_0)}(p-p_0)\right\}^3\\
&\frac{k_y}{k_{y0}}=\frac{1}{1+n^3}\frac{(b_1+\Delta b_1)^3}{b_1^3}+\frac{n^3}{1+n^3}\frac{(b_3+\Delta b_3)^3}{b_3^3}\\
&\quad=\frac{1}{1+n^3}\left\{1-C_{\mathrm{f}}[(\sigma_x-\sigma_0)-(p-p_0)]+\frac{3(1-2\nu)(p-p_0)}{\varphi_0E_x}+\right.\\
&\quad\left.\frac{a_0\varepsilon_{1,x}p_{\mathrm{L}}}{b_1(p_{\mathrm{L}}+p)(p_{\mathrm{L}}+p_0)}(p-p_0)\right\}^3+\frac{n^3}{1+n^3}\{1-C_{\mathrm{f}}[(\sigma_z-\sigma_0)-(p-p_0)]+\\
&\quad\left.\frac{3(1-2\nu)(p-p_0)}{\varphi_0E_z}+\frac{a_0\varepsilon_{1,z}p_{\mathrm{L}}}{b_3(p_{\mathrm{L}}+p)(p_{\mathrm{L}}+p_0)}(p-p_0)\right\}^3\\
&\frac{k_z}{k_{z0}}=\frac{1}{2}\frac{(b_1+\Delta b_1)^3}{b_1^3}+\frac{1}{2}\frac{(b_2+\Delta b_2)^3}{b_2^3}\\
&\quad=\frac{1}{2}\left\{1-C_{\mathrm{f}}[(\sigma_x-\sigma_0)-(p-p_0)]+\frac{3(1-2\nu)(p-p_0)}{\varphi_0E_x}+\right.\\
&\quad\left.\frac{a_0\varepsilon_{1,x}p_{\mathrm{L}}}{b_1(p_{\mathrm{L}}+p)(p_{\mathrm{L}}+p_0)}(p-p_0)\right\}^3+\frac{1}{2}\left\{1-C_{\mathrm{f}}[(\sigma_y-\sigma_0)-(p-p_0)]+\right.\\
&\quad\left.\frac{3(1-2\nu)(p-p_0)}{\varphi_0E_y}+\frac{a_0\varepsilon_{1,y}p_{\mathrm{L}}}{b_2(p_{\mathrm{L}}+p)(p_{\mathrm{L}}+p_0)}(p-p_0)\right\}^3
\end{aligned}
\right.
\tag{6-39}
$$

6.7 本章小结

① 从裂隙孔隙率定义出发，考虑煤体结构异性影响，建立了煤层裂隙孔隙率模型；结合有效应力方程，基于煤体弹性变形的假设，考虑煤体各向异性、有效应力、瓦斯压力压缩、吸附膨胀等影响因素，构建了各向异性煤岩渗透率动态演化模型。

② 根据应力平衡方程、几何方程和本构方程，结合修正的太沙基有效应力方程，建立了煤岩体变形场控制方程；结合质量守恒定律及达西定律等相关理论，根据连续性方程、气体状态方程、煤体瓦斯含量方程，构建了煤岩瓦斯渗流场控制方程；通过方程联立，最终构建了应力场、变形场、渗流场等多物理场流固耦合模型。

7 各向异性煤岩瓦斯抽采的数值模拟及模型验证

7.1 多物理场数值模拟软件介绍

COMSOL Multiphysics是瑞典的COMSOL公司开发的高级数值仿真软件，目前广泛应用于各个领域的科学研究以及工程计算，被誉为“第一款真正的任意多物理场直接耦合分析软件”，适用于模拟科学和工程领域的各种物理过程。作为一款大型的高级数值仿真软件，COMSOL Multiphysics以有限元法为基础，通过求解偏微分方程（单场）或偏微分方程组（多场）来实现真实物理现象的仿真。COMSOL Multiphysics以高效的计算性能和杰出的多场直接耦合分析能力实现了任意多物理场的高度精确的数值仿真，在声学、生物科学、化学反应、电磁学、流体动力学、燃料电池、地球科学、热传导、微系统、微波工程、光学、光子学、多孔介质、量子力学、射频、半导体、结构力学、传动现象、波的传播等领域得到了广泛的应用。

COMSOL Multiphysics提供大量预定义的物理应用模式，涵盖声学、化工、流体流动、热传导、结构力学、电磁分析等多种物理场，模型中的材料属性、源项以及边界条件等可以是常数、任意变量的函数、逻辑表达式，或者是一个代表实测数据的插值函数等。同时，用户也可以自主选择需要的物理场并定义它们之间的相互关系。用户也可以输入自己的偏微分方程（PDEs），并指定它与其他方程或物理量之间的关系。

在本书的数值计算过程中，采用COMSOL Multiphysics软件中的固体力学模块和PDE自定义方程模块，并对固体力学模块中的方程进行修改，使方程满足本书所建立的应力方程式，而渗流场方程则可以通过简单的数学变化嵌入PDE模块。含瓦斯煤层流固耦合关系存在于偏微分方程组中，因此通过求解器中的耦合计算求得数值解。

7.2 模型验证及结果分析

大多学者[100,123,148]在构建模型和数值模拟时忽略了煤体各向异性对钻孔瓦斯抽采的影响，因此有必要针对煤体的各向异性特征对钻孔瓦斯抽采的影响进行深入研究。本书结合前人[149]所建立的数学模型，在相同的初始条件和边界条件下对本书建立的数学模型进行数值模拟，模拟结果如图7-1所示。

分析图7-1可知，文献[149]中建立的不考虑煤的各向异性的流固耦合模型与本书建立的考虑煤的各向异性的流固耦合模型得出的瓦斯压力变化情况存在差异。煤的各向异性对钻孔附近的瓦斯压力有较大的影响，距离钻孔越远，煤的各向异性对瓦斯压力的影响越小。

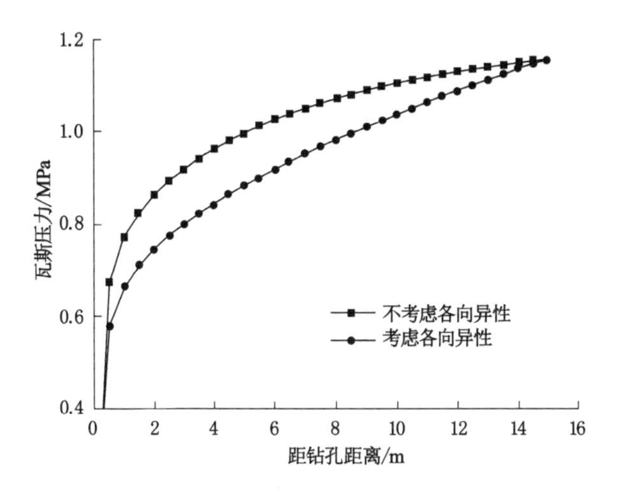

图 7-1　钻孔附近瓦斯压力变化曲线

这也验证了构建模型时考虑煤体各向异性的必要性，也从侧面反映了本书考虑煤体各向异性建立的流固耦合模型的可靠性。

7.3　计算模型及参数确定

7.3.1　几何模型及相关物性参数

结合焦作中马村矿 3906 工作面的实际情况，利用 COMSOL Multiphysics 数值模拟软件分别对抽采负压为 10 kPa、15 kPa、20 kPa、25 kPa 的单孔瓦斯抽采进行模拟研究。建立 30 m×60 m×6 m 的几何模型，如图 7-2 所示。并对几何模型进行网格化处理，其中煤层走向长度为 30 m，倾斜长度为 60 m，煤层厚度为 6 m，钻孔直径为 94 mm，钻孔深度为 58 m。结合焦作中马村矿实际相关物性参数和相关参考文献，数值模拟所用的基本参数如表 7-1 所示。

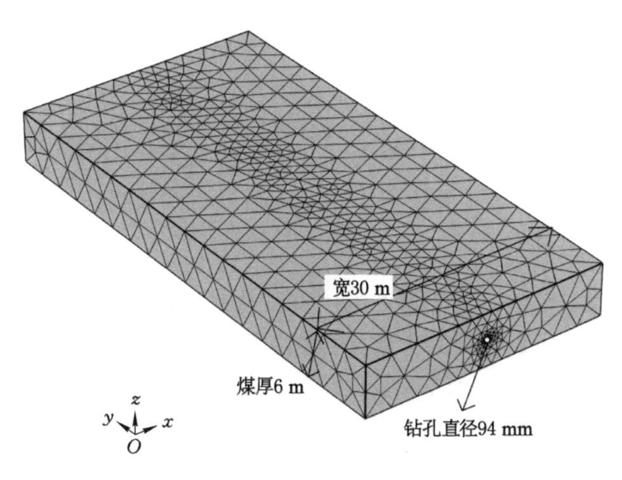

图 7-2　三维几何模型网格图

表 7-1 模型相关物性参数

参数名称	数值
初始孔隙率 φ_0/%	0.072 5
初始渗透率 k_{x0}/m^2	9.21×10^{-16}
初始渗透率 k_{y0}/m^2	4.75×10^{-16}
初始渗透率 k_{z0}/m^2	1.70×10^{-16}
煤体密度 ρ_{ga}/(kg/m^3)	1 380
瓦斯动力黏度 μ/(Pa·s)	1.08×10^{-5}
煤体弹性模量 E_x/Pa	3.0×10^9
煤体弹性模量 E_y/Pa	1.5×10^9
煤体弹性模量 E_z/Pa	3.5×10^9
水分 M/%	1.75
灰分 A/%	1.006
煤吸附常数 a/(m^3/t)	19.084
煤吸附常数 b/MPa^{-1}	0.9
泊松比 ν	0.33
初始瓦斯压力/MPa	1.2
朗缪尔压力常数/MPa	6.109
朗缪尔体积常数 $\varepsilon_{l,x}=\varepsilon_{l,y}=\varepsilon_{l,z}$/($m^3$/kg)	0.015
朗缪尔体积应变常数	0.022 95
抽采负压/kPa	10、15、20、25

7.3.2 初始条件及边界条件

初始条件：时间 $t=0$ 时，煤层中瓦斯压力分布为原始瓦斯压力分布，原始瓦斯压力为 1.2 MPa，初始位移 $u_i=0(i=1,2)$。

边界条件：设四周边界无流动，模型的底部设置固定边界，两侧设为辊支承，上部载荷 $\sigma=10$ MPa，同时模型具有自重载荷。

7.4 考虑各向异性流固耦合模型数值研究及结果分析

7.4.1 工程参数优化研究

抽采时间、抽采负压和钻孔直径是影响顺层钻孔瓦斯抽采效果的关键因素，选择合理的抽采时间、抽采负压和钻孔直径可以有效提高煤层瓦斯抽采效果并节约瓦斯抽采成本，因此本书通过建立的数学模型进行瓦斯抽采数值模拟研究，以期得到合理的抽采时间、抽采负压和钻孔直径。在所建立的几何模型中设置一条监测线，其两端点坐标为(15,20,3)、(30,20,3)；设置一个测点，其坐标为(18,20,3)。

(1) 瓦斯抽采时间优化

在瓦斯压力、抽采负压等因素一定的条件下，模拟得到抽采负压为 15 kPa 时不同抽采时间下的瓦斯压力等值面分布及测线上瓦斯压力随抽采时间的变化规律，如图 7-3 和图 7-4 所示。

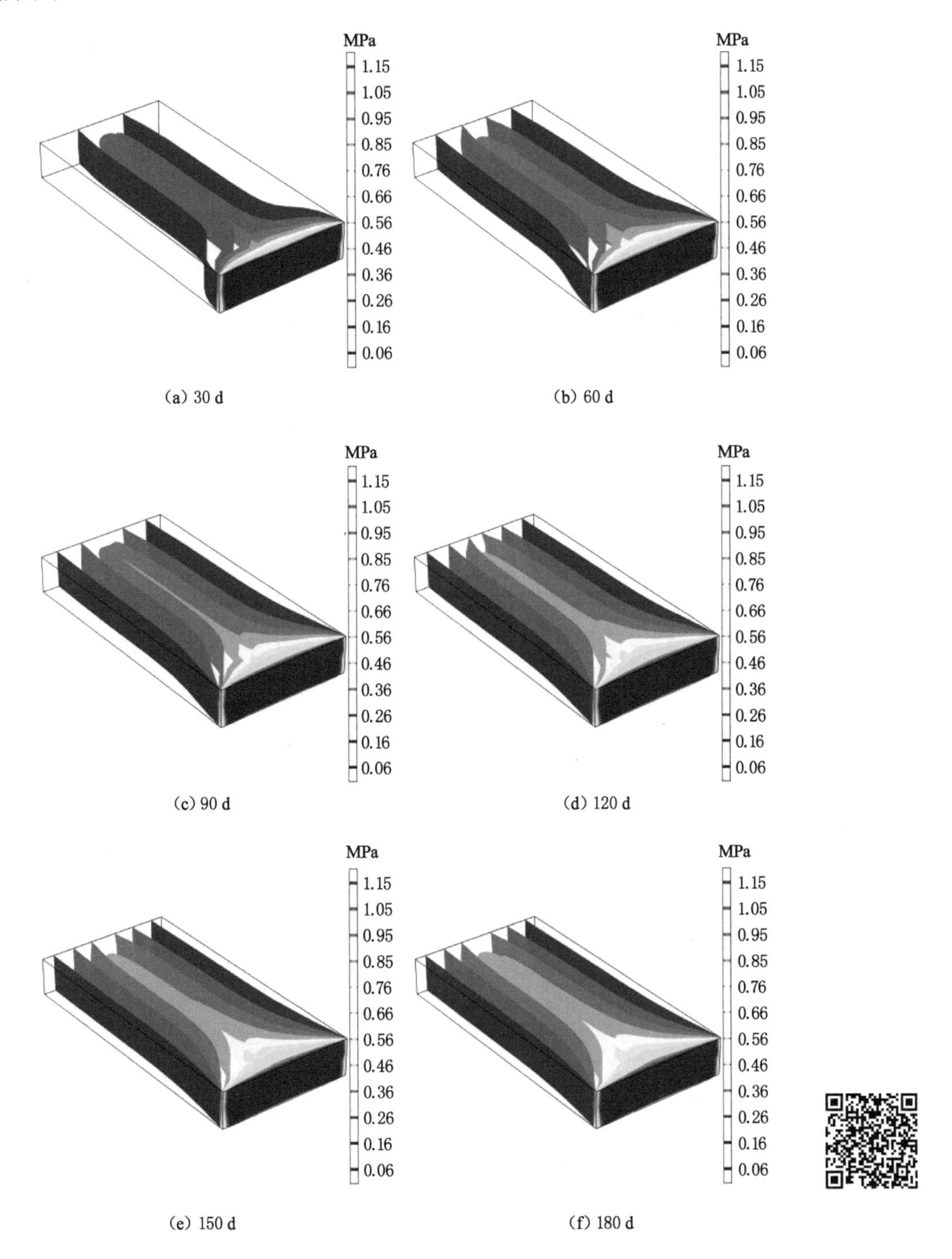

图 7-3　不同抽采时间下的瓦斯压力等值面

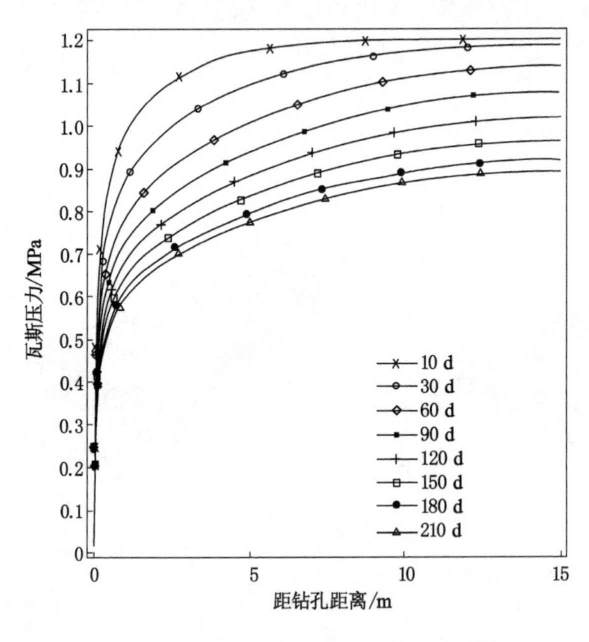

图 7-4　不同抽采时间下的瓦斯压力曲线

分析图 7-3 和图 7-4 可知，在瓦斯压力、抽采负压等因素一定的条件下，随着抽采时间的逐渐延长钻孔瓦斯抽采影响区域不断增大并逐渐趋向平缓。这说明抽采时间对瓦斯压力有一定的影响，但随着抽采时间的继续延长，抽采时间对瓦斯压力的影响逐渐减小。这是因为在进行瓦斯抽采时钻孔周围的初始应力状态发生了变化，抽采初期瓦斯压力急剧下降，说明抽采初期钻孔附近的应力状态发生了变化，使瓦斯更容易抽采；而距离钻孔较远位置的应力状态受到钻孔瓦斯抽采的影响较小，煤层中的瓦斯难以被抽出。

为进一步定量研究抽采时间与瓦斯压力变化的关系，结合文献[150]给出的定义，即以抽采钻孔为中心，煤层残余瓦斯压力小于 0.74 MPa 的范围为有效抽采半径。根据图 7-4 得出的数据，得到不同抽采时间下有效抽采半径的具体数值，如表 7-2 所示。

表 7-2　不同抽采时间下的有效抽采半径

抽采时间/d	10	30	60	90	120	150	180	210
有效抽采半径/m	0.92	2.11	2.53	2.82	3.07	3.24	3.31	3.37

通过拟合分析得到不同抽采时间时的有效抽采半径与抽采时间的关系式：$y=a\ln x-b$。式中 $a=0.793\ 9$，$b=0.766\ 1$，相关系数 R 为 0.99，抽采负压为 15 kPa 时有效抽采半径随抽采时间的变化情况如图 7-5 所示。

分析图 7-5 可知，在抽采负压一定的条件下，随着抽采时间的延长，有效抽采半径逐渐增大并趋向平缓，直至达到一定的临界值，超过该临界值后抽采时间对有效抽采半径的影响不大。结合焦作中马村矿 3906 工作面的实际情况，确定该矿 3906 工作面的合理抽采时间为 180 d。

(2) 瓦斯抽采负压优化

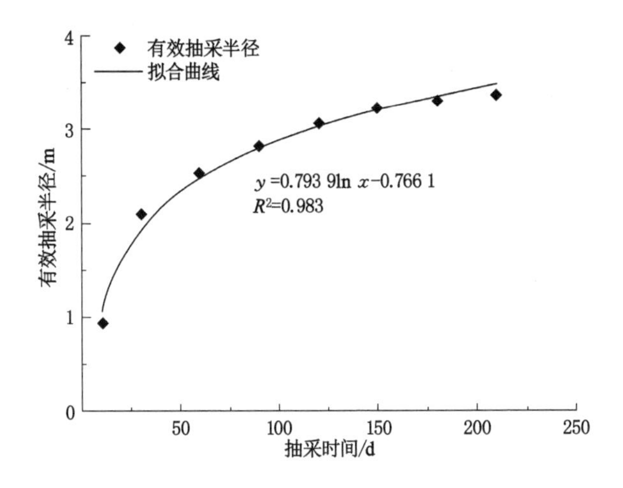

图 7-5　不同抽采时间时有效抽采半径变化曲线

由文献[151-152]可知，在抽采时间一定的条件下，随着抽采负压的增加，有效抽采半径缓慢增加。为了进一步分析抽采负压对瓦斯压力的影响，结合构建的各向异性流固耦合模型，分别模拟得到抽采负压为 10 kPa、15 kPa、20 kPa、25 kPa 时的瓦斯压力分布及变化曲线，如图 7-6 和图 7-7 所示。

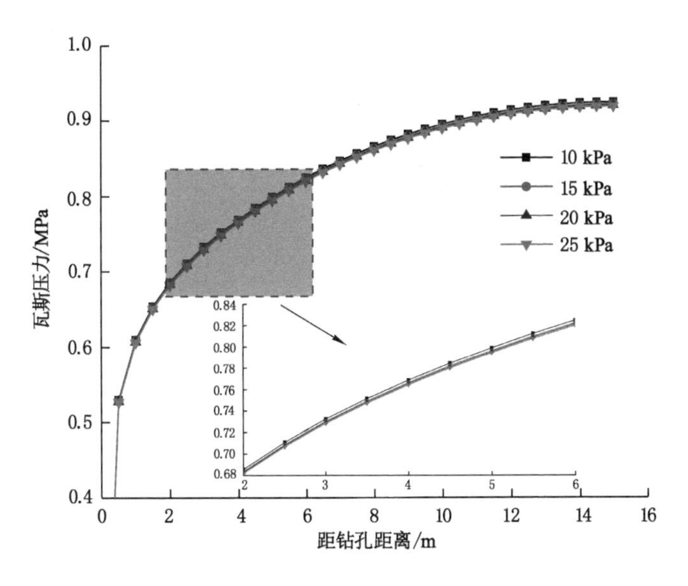

图 7-6　不同抽采负压下瓦斯压力变化曲线(180 d)

分析图 7-6 和图 7-7 可知，在抽采时间一定的条件下，随着抽采负压的增加，钻孔抽采影响区域逐渐变大。随着抽采负压的继续增加，抽采负压对瓦斯压力的影响逐渐减小，可以看出抽采负压对整个煤层的瓦斯赋存状态的影响范围是有限的。因此，选择合理的抽采负压能够有效地提升顺层钻孔瓦斯抽采的效果，降低抽采成本。

为了进一步分析抽采负压与瓦斯压力的函数关系，拟合得到抽采负压与有效抽采半径的函数关系式：$y=3.220\ 2x^{0.01}$，$R^2=0.992$，如图 7-8 所示。

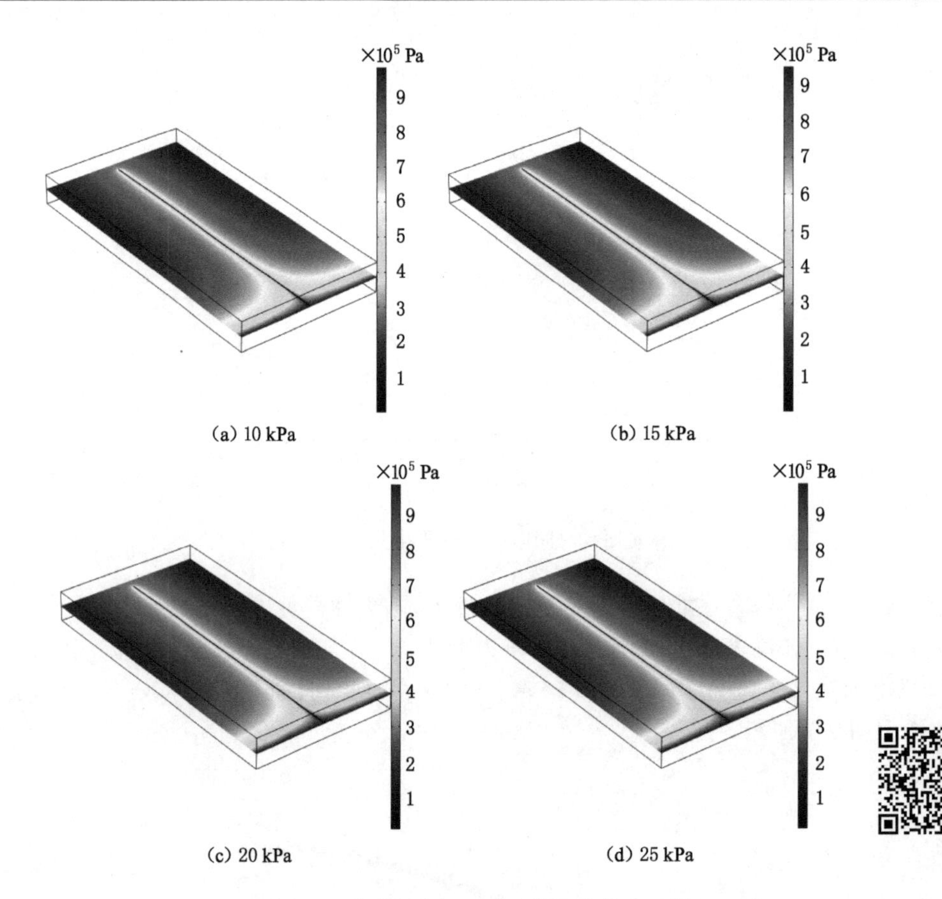

(a) 10 kPa (b) 15 kPa

(c) 20 kPa (d) 25 kPa

图 7-7 不同抽采负压下瓦斯压力分布云图(180 d)

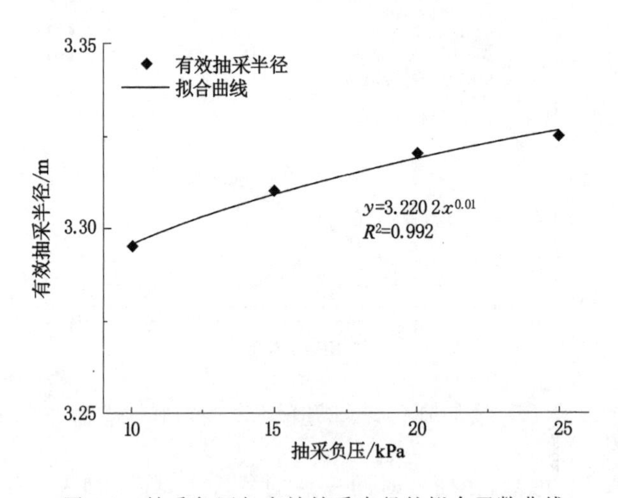

图 7-8 抽采负压与有效抽采半径的拟合函数曲线

分析图 7-8 可知,在抽采时间一定的条件下,随着抽采负压的逐渐增加有效抽采半径缓慢增加,最终趋向平缓;当抽采负压达到一定值时,抽采负压对有效抽采半径的影响几乎可以忽略。结合中马村矿 3906 工作面实际情况,确定该工作面顺层钻孔合理抽采负压为 20 kPa。

(3) 瓦斯抽采钻孔直径优化

由文献[153-155]可知，在其他工程因素确定的条件下，钻孔直径对有效抽采半径有一定影响。为了分析钻孔直径对顺层钻孔瓦斯抽采过程中瓦斯压力分布的影响，分别模拟了钻孔直径为75 mm、94 mm、113 mm、130 mm时瓦斯压力在煤层中分布情况，瓦斯压力曲线如图7-9所示。

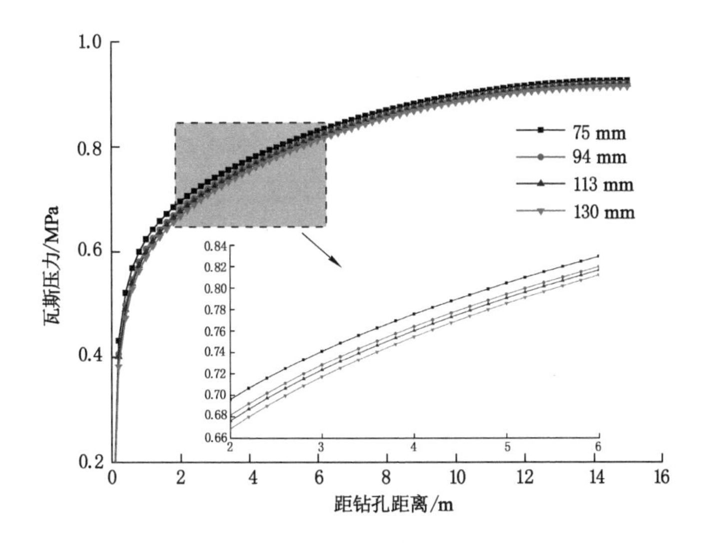

图7-9　不同钻孔直径下瓦斯压力分布曲线(180 d)

分析图7-9可知，在其他工程因素一定的条件下，随着钻孔直径增加，钻孔周围瓦斯压力逐渐下降。距离钻孔越远，瓦斯压力下降程度越小，可以看出钻孔直径对瓦斯压力的影响是有一定范围的。随着钻孔直径的继续增加，钻孔直径对钻孔周围瓦斯压力的影响减弱；尽管在一定范围内钻孔直径的增加会使瓦斯压力下降，但是盲目增加钻孔直径会导致打钻施工变得十分困难，可能会导致钻孔失稳等现象。因此，选择合适的钻孔直径是十分有必要的。

为了进一步分析钻孔直径对煤层瓦斯压力的影响，拟合得到不同钻孔直径与有效抽采半径的函数关系式：$y=0.747\ 5x^{0.323\ 2}$，相关系数$R=0.978$，如图7-10所示。

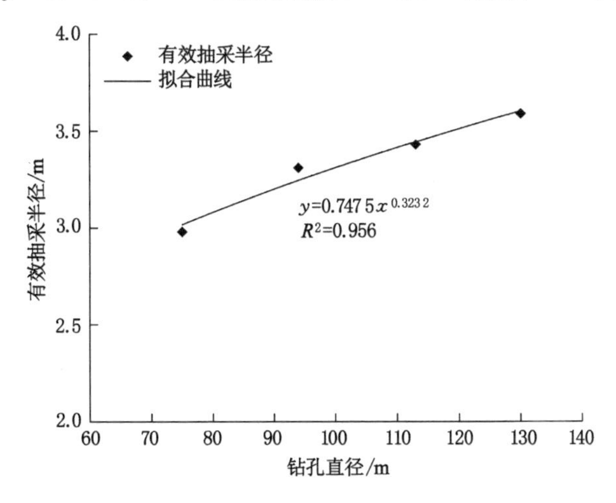

图7-10　钻孔直径与有效抽采半径的拟合函数曲线

分析图 7-10 可知，直径 94 mm 钻孔的有效抽采半径为 3.31 m，比直径 75 mm 钻孔的有效抽采半径大 0.33 m，直径 113 mm 钻孔的有效抽采半径比直径 94 mm 钻孔的有效抽采半径大 0.12 m，直径 130 mm 钻孔的有效抽采半径比直径 113 mm 钻孔的有效抽采半径大 0.1 m。结合图 7-10 所示的钻孔直径与有效抽采半径的拟合函数关系，得到焦作中马村矿 3906 工作面合理的钻孔直径为 94 mm。

7.4.2 煤体物性参数对各向异性模型瓦斯抽采影响研究

为了分析煤体不同物性参数各向异性条件对顺层钻孔瓦斯抽采效果的影响，在建立考虑各向异性流固耦合模型的基础上开展对煤体弹性模量、朗缪尔吸附应变常数、朗缪尔吸附压力常数、初始瓦斯压力、初始渗透率及垂直地应力的数值模拟研究，得到煤体物性参数对顺层钻孔瓦斯抽采影响规律。在所建立的几何模型中设置一条监测线，其两端点坐标为(15,20,3)、(30,20,3)；设置一个测点，其坐标为(18,20,3)。

(1) 弹性模量各向异性对瓦斯抽采影响分析

在其他因素相同的条件下，开展不同弹性模量各向异性条件的数值模拟研究，选取抽采 180 d 时所设测线上的瓦斯压力曲线图和残余瓦斯含量曲线图，如图 7-11 和图 7-12 所示，不同弹性模量时残余瓦斯含量分布云图如图 7-13 所示。

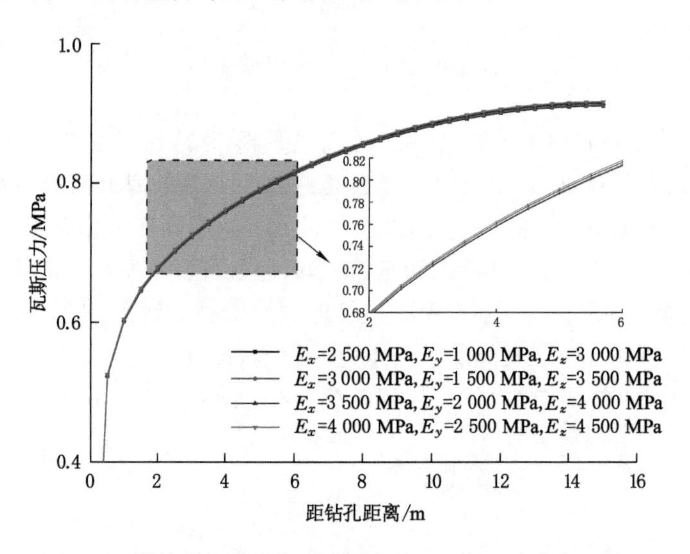

图 7-11　煤体弹性模量各向异性条件下瓦斯压力曲线(180 d)

由图 7-11 和图 7-12 可知，随着煤体弹性模量的逐渐减小，煤层瓦斯压力和残余瓦斯含量逐渐减小，有效抽采半径逐渐变大；但对比图 7-13 所示残余瓦斯含量分布云图，有效抽采半径变化较小，各云图并没有显著差异，这表明煤体弹性模量对顺层钻孔瓦斯抽采影响并不显著。

(2) 朗缪尔吸附应变常数各向异性对瓦斯抽采影响分析

为分析朗缪尔吸附应变常数各向异性对顺层钻孔瓦斯抽采的影响规律，在其他工程因素和物性参数相同的条件下开展数值模拟研究，得到 180 d 时瓦斯压力曲线图和残余瓦斯含量曲线图，如图 7-14 和图 7-15 所示，不同朗缪尔吸附应变常数时残余瓦斯含量分布云图如图 7-16 所示。

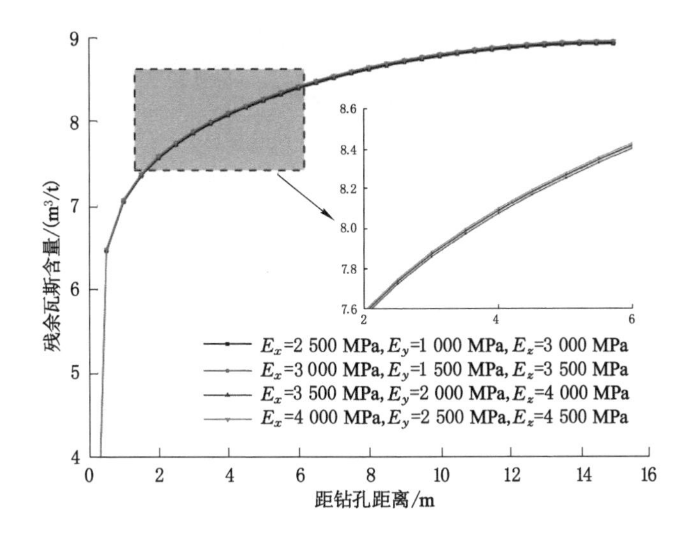

图 7-12 煤体弹性模量各向异性条件下残余瓦斯含量曲线(180 d)

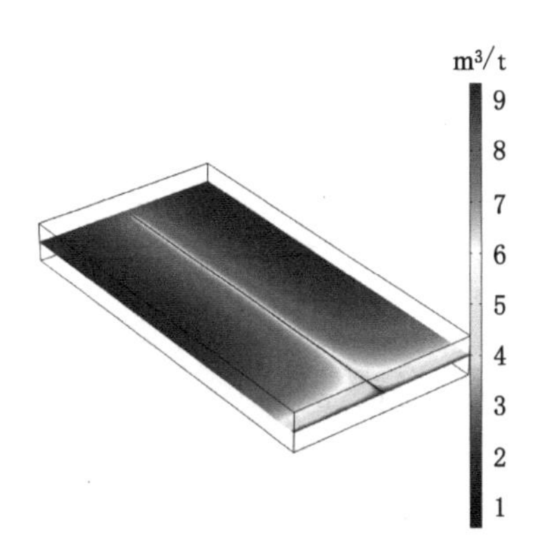

(a) E_x=2 500 MPa, E_y=1 000 MPa, E_z=3 000 MPa

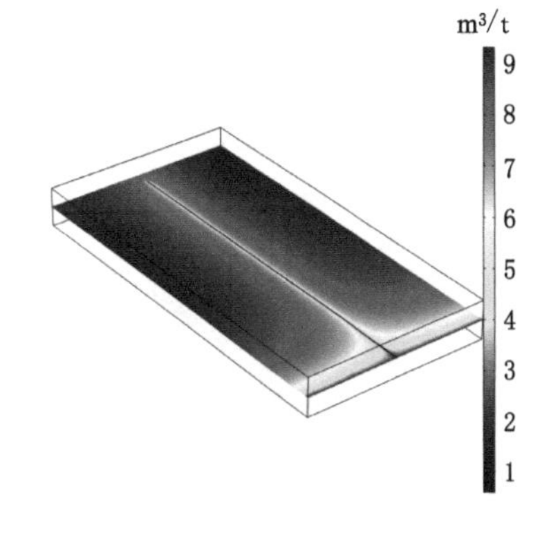

(b) E_x=3 000 MPa, E_y=1 500 MPa, E_z=3 500 MPa

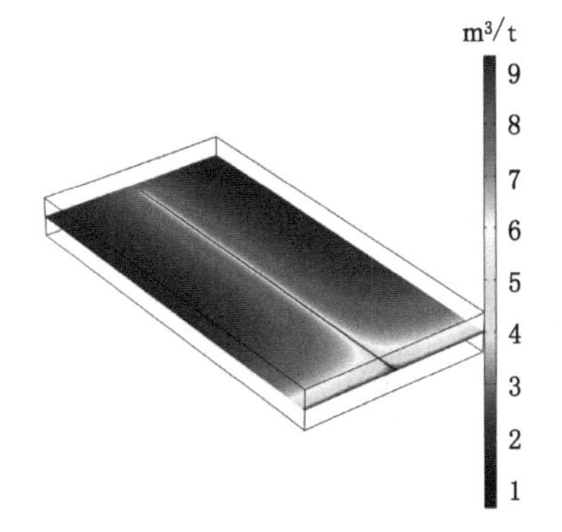

(c) E_x=3 500 MPa, E_y=2 000 MPa, E_z=4 000 MPa

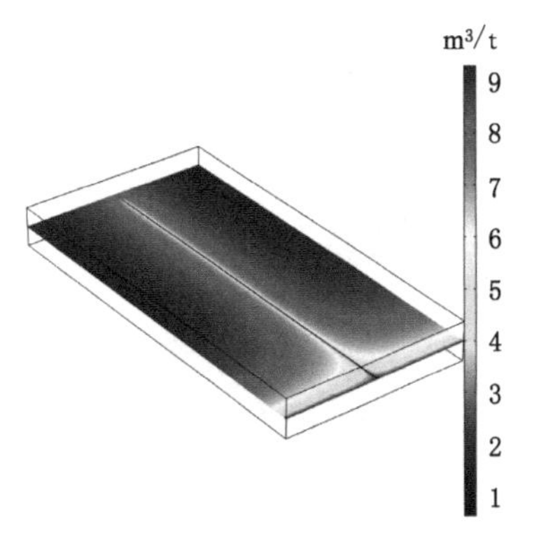

(d) E_x=4 000 MPa, E_y=2 500 MPa, E_z=4 500 MPa

图 7-13 煤体弹性模量各向异性条件下残余瓦斯含量分布云图(180 d)

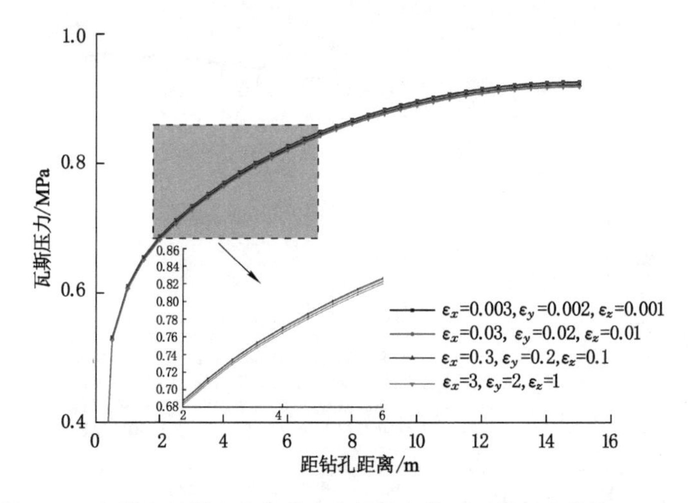

图 7-14　朗缪尔吸附应变常数各向异性条件下瓦斯压力曲线(180 d)

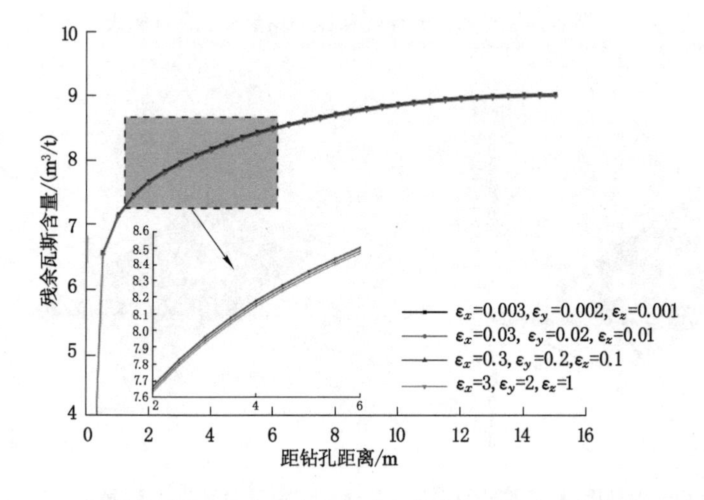

图 7-15　朗缪尔吸附应变常数各向异性条件下残余瓦斯含量曲线(180 d)

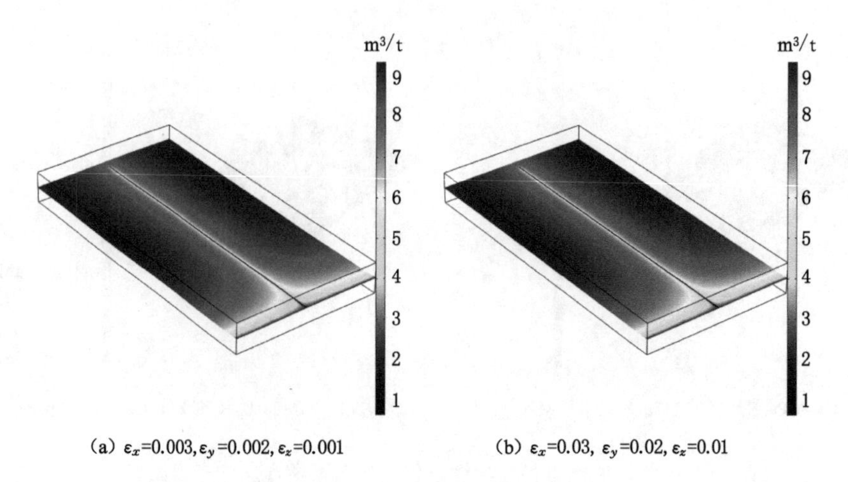

(a) ε_x=0.003, ε_y=0.002, ε_z=0.001　　(b) ε_x=0.03, ε_y=0.02, ε_z=0.01

图 7-16　朗缪尔吸附应变常数各向异性条件下残余瓦斯含量分布云图(180 d)

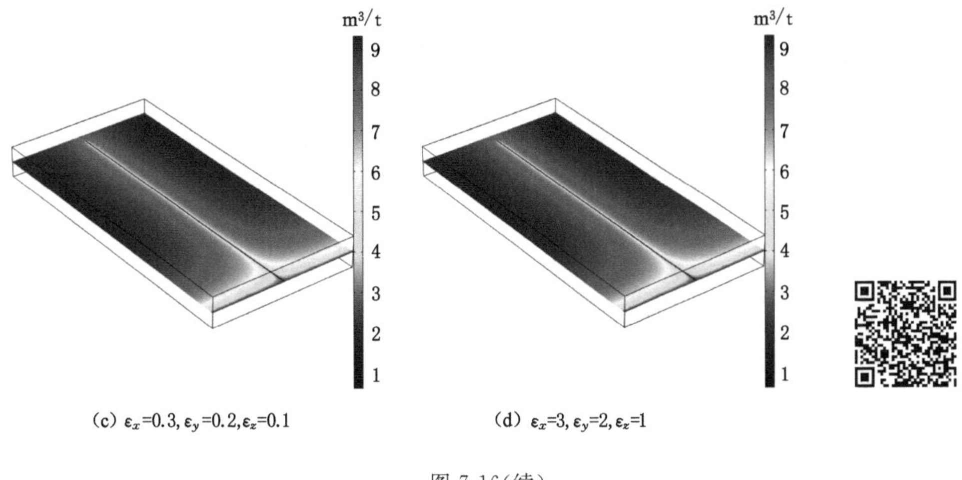

(c) $\varepsilon_x=0.3, \varepsilon_y=0.2, \varepsilon_z=0.1$　　(d) $\varepsilon_x=3, \varepsilon_y=2, \varepsilon_z=1$

图 7-16(续)

由图 7-14 和图 7-15 可知，随着朗缪尔吸附应变常数逐渐增大煤层瓦斯压力和残余瓦斯含量逐渐减小，有效抽采半径逐渐变大；对比分析图 7-16 所示残余瓦斯含量分布云图，煤层残余瓦斯含量变化较小，各云图之间并没有显著差异，这说明煤体朗缪尔吸附应变常数对顺层钻孔瓦斯抽采影响并不显著。

(3) 朗缪尔吸附压力常数各向异性对瓦斯抽采影响分析

为分析朗缪尔吸附压力常数各向异性对顺层钻孔瓦斯抽采的影响规律，在其他工程因素和物性参数相同的条件下开展数值模拟研究，得到 180 d 时瓦斯压力曲线图和残余瓦斯含量曲线图，如图 7-17 和图 7-18 所示，不同朗缪尔吸附压力常数时残余瓦斯含量分布云图如图 7-19 所示。

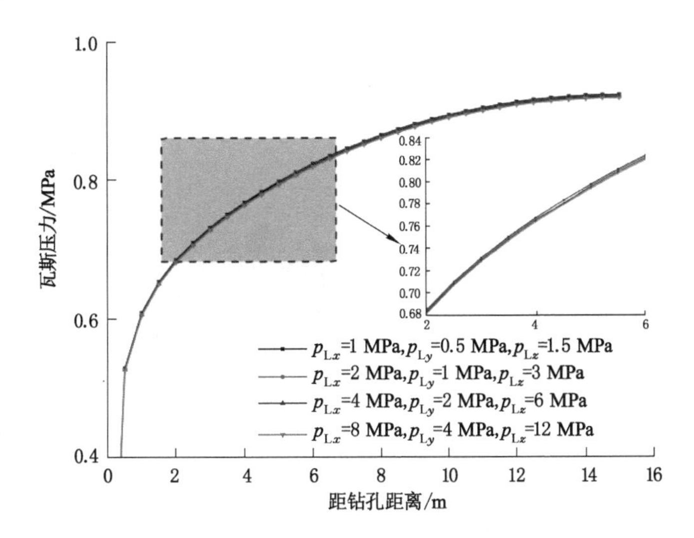

图 7-17　朗缪尔吸附压力常数各向异性条件下瓦斯压力曲线(180 d)

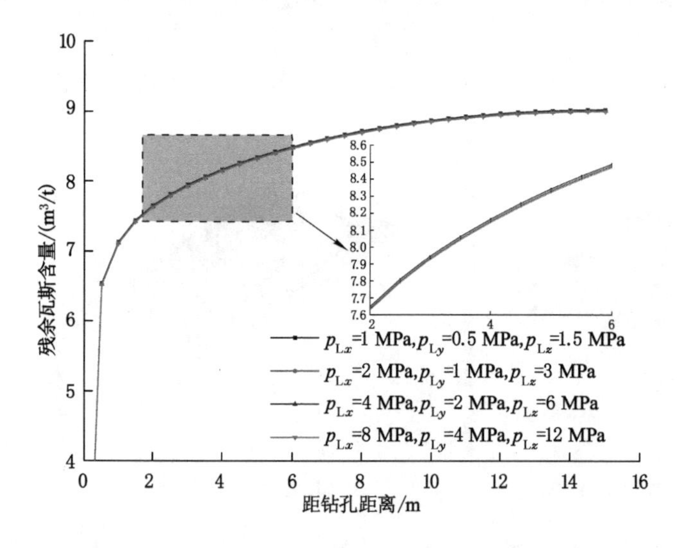

图 7-18　朗缪尔吸附压力常数各向异性条件下残余瓦斯含量曲线(180 d)

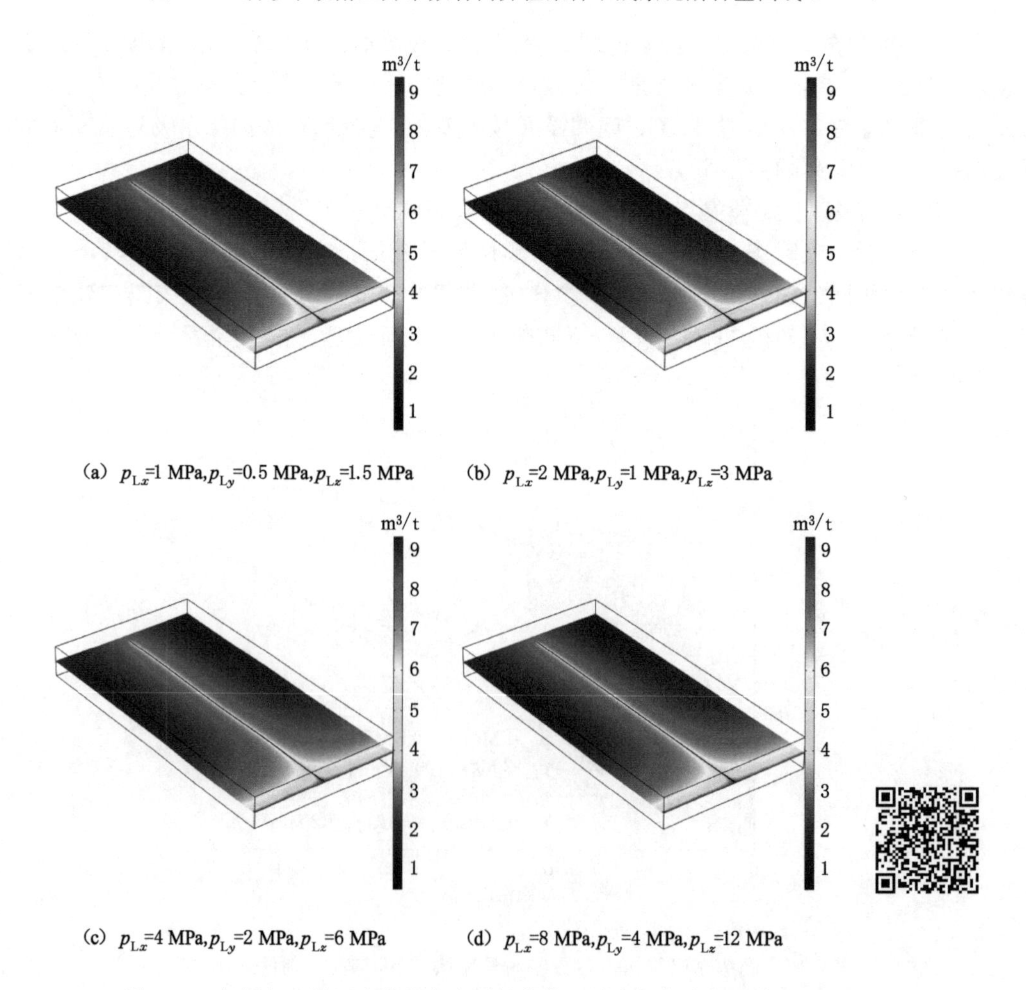

图 7-19　朗缪尔吸附压力常数各向异性条件下残余瓦斯含量分布云图(180 d)

由图 7-17 和图 7-18 可知，随着朗缪尔吸附压力常数逐渐增大煤层瓦斯压力和残余瓦斯含量逐渐减小，有效抽采半径逐渐变大；但对比分析图 7-19 所示残余瓦斯含量分布云图，残余瓦斯含量变化较小，有效抽采半径变化不显著，各云图之间没有显著差异，这说明煤体朗缪尔吸附压力常数对顺层钻孔瓦斯抽采影响并不显著。

(4) 初始瓦斯压力对瓦斯抽采影响分析

为分析初始瓦斯压力对顺层钻孔瓦斯抽采的影响规律，在其他工程因素和物性参数相同的条件下开展数值模拟研究，得到 180 d 时瓦斯压力曲线图和残余瓦斯含量曲线图，如图 7-20 和图 7-21 所示，不同初始瓦斯压力时残余瓦斯含量分布云图如图 7-22 所示。

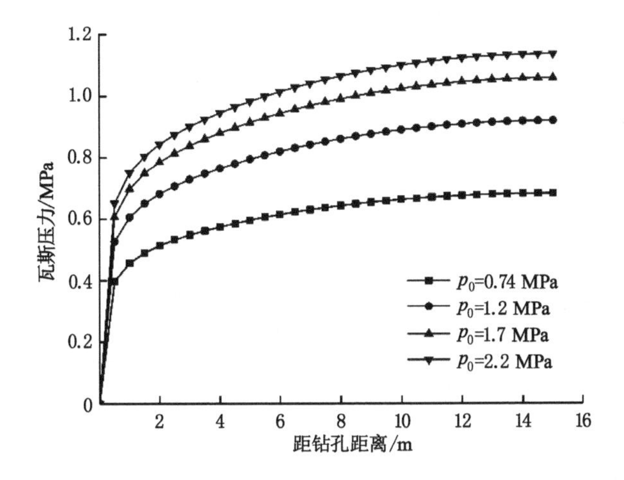

图 7-20　不同初始瓦斯压力条件下瓦斯压力曲线(180 d)

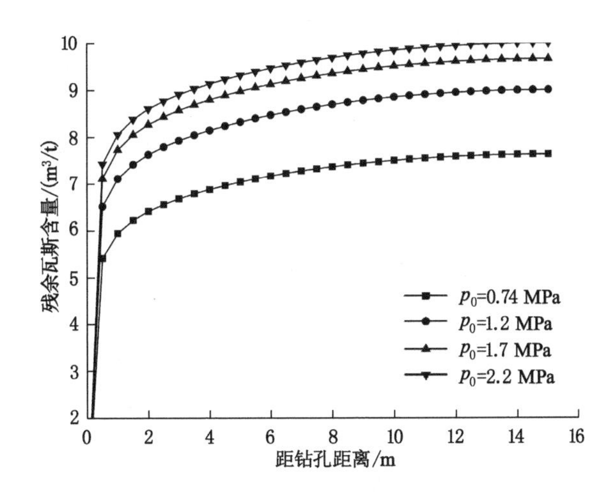

图 7-21　不同初始瓦斯压力条件下残余瓦斯含量曲线(180 d)

由图 7-20 和图 7-21 可知，当初始瓦斯压力分别为 1.2 MPa、1.7 MPa、2.2 MPa 时，初始瓦斯含量分别为 10.28 m^3/t、11.9 m^3/t、13.04 m^3/t，抽采 180 d 的有效抽采半径分别为 3.31 m、1.4 m、0.94 m。抽采 180 d 时，有效抽采半径随着初始瓦斯压力增大而逐渐减小，这是因为当初始瓦斯压力增大时，煤层瓦斯吸附量增多，在抽采过程中，瓦斯不断从煤基质

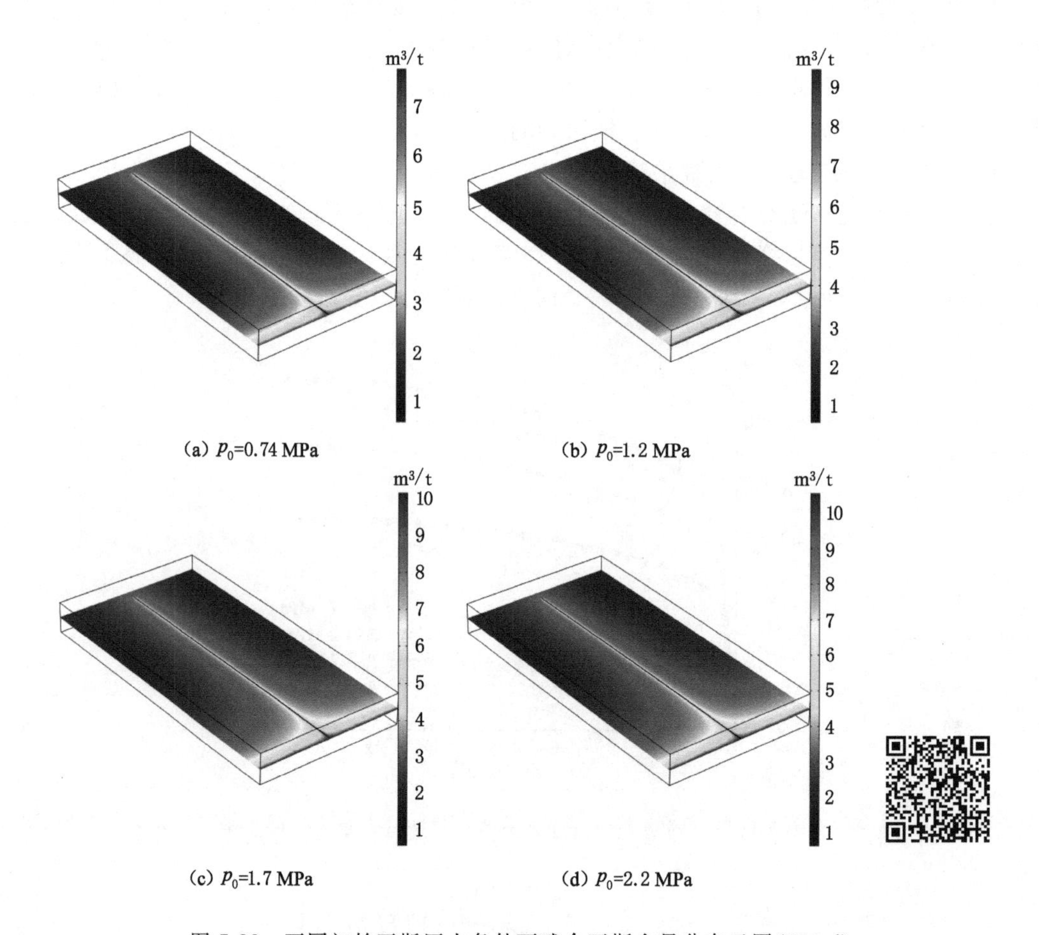

(a) P_0=0.74 MPa　(b) P_0=1.2 MPa

(c) P_0=1.7 MPa　(d) P_0=2.2 MPa

图 7-22　不同初始瓦斯压力条件下残余瓦斯含量分布云图(180 d)

中解吸出来进入裂隙，在抽采时间相同的情况下，钻孔周围瓦斯压力较难降低至 0.74 MPa 以下。结合图 7-22 所示的不同初始瓦斯压力条件下残余瓦斯含量分布云图可知，有效抽采半径受初始瓦斯压力的影响十分显著，这说明初始瓦斯压力是影响顺层钻孔瓦斯抽采效果的主要因素之一。

(5) 初始渗透率各向异性对瓦斯抽采影响分析

为分析初始渗透率各向异性对顺层钻孔瓦斯抽采的影响规律，在其他工程因素和物性参数相同的条件下开展数值模拟研究，得到 180 d 时瓦斯压力曲线图和残余瓦斯含量曲线图，如图 7-23 和图 7-24 所示，不同渗透率时残余瓦斯含量分布云图如图 7-25 所示。

由图 7-23 和图 7-24 可知，当初始渗透率 k_{x0} 分别为 3×10^{-16} m^2、6×10^{-16} m^2、9×10^{-16} m^2 时，抽采 180 d 时的有效抽采半径分别为 1.61 m、5.00 m、10.36 m。抽采 180 d 时，瓦斯压力随着初始渗透率的增大而减小，有效抽采半径随着初始渗透率的增大而减小。当 $k_{x0}=1.2\times10^{-15}$ m^2 时，瓦斯压力迅速下降，距离钻孔越近瓦斯压力变化趋向平缓。抽采 180 d 时，$k_{x0}=9\times10^{-16}$ m^2 条件下的有效抽采半径约是 $k_{x0}=3\times10^{-16}$ m^2 时的 6.4 倍。这是因为当 k_{x0}、k_{y0}、k_{z0} 较小时，煤基质中的瓦斯难以解吸，瓦斯抽采效果不佳，从而导致有效抽采半径增加缓慢；当 k_{x0}、k_{y0}、k_{z0} 较大时，煤基质中瓦斯迅速解吸，瓦斯压力迅速下降，有效抽采半

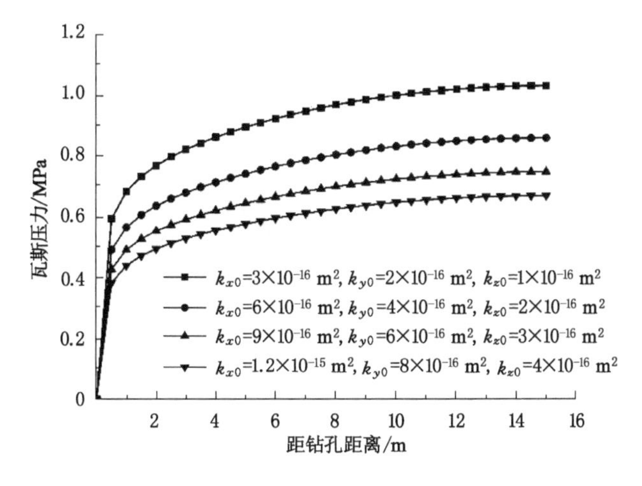

图 7-23　初始渗透率各向异性条件下瓦斯压力曲线(180 d)

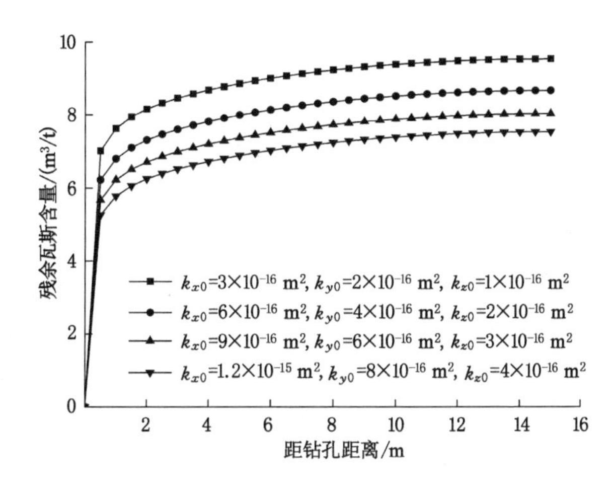

图 7-24　初始渗透率各向异性条件下残余瓦斯含量曲线(180 d)

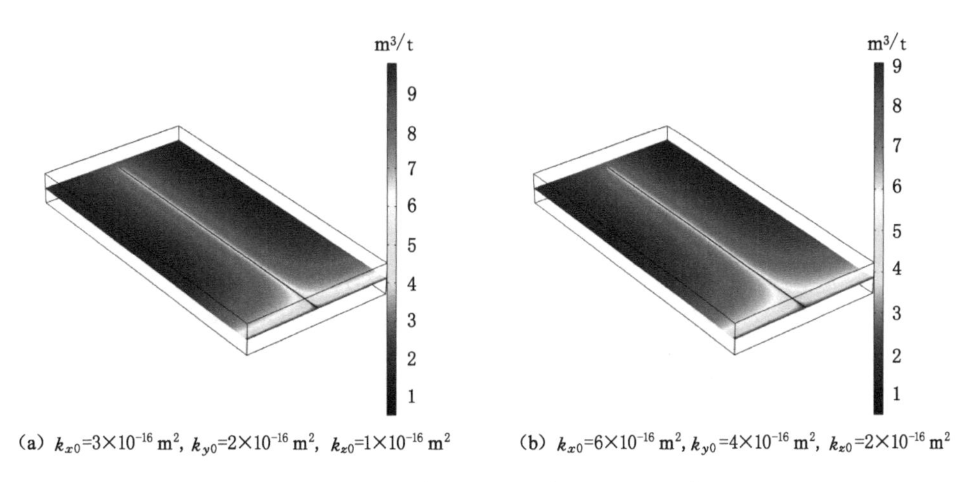

(a) $k_{x0}=3\times10^{-16}\ \mathrm{m}^2$, $k_{y0}=2\times10^{-16}\ \mathrm{m}^2$, $k_{z0}=1\times10^{-16}\ \mathrm{m}^2$　(b) $k_{x0}=6\times10^{-16}\ \mathrm{m}^2$, $k_{y0}=4\times10^{-16}\ \mathrm{m}^2$, $k_{z0}=2\times10^{-16}\ \mathrm{m}^2$

图 7-25　初始渗透率各向异性条件下残余瓦斯含量分布云图(180 d)

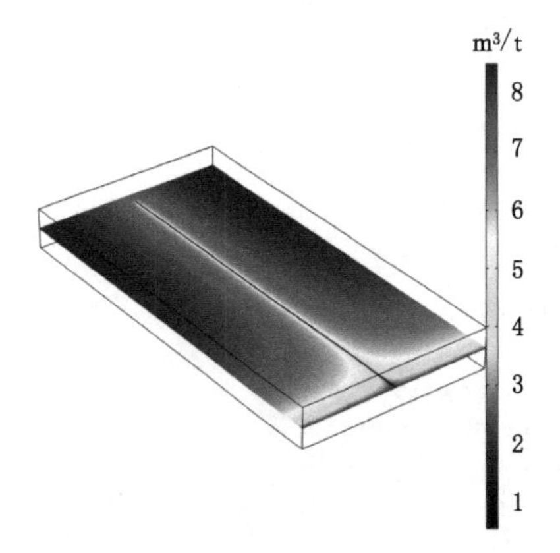

(c) $k_{x0}=9\times10^{-16}\ m^2$, $k_{y0}=6\times10^{-16}\ m^2$, $k_{z0}=3\times10^{-16}\ m^2$

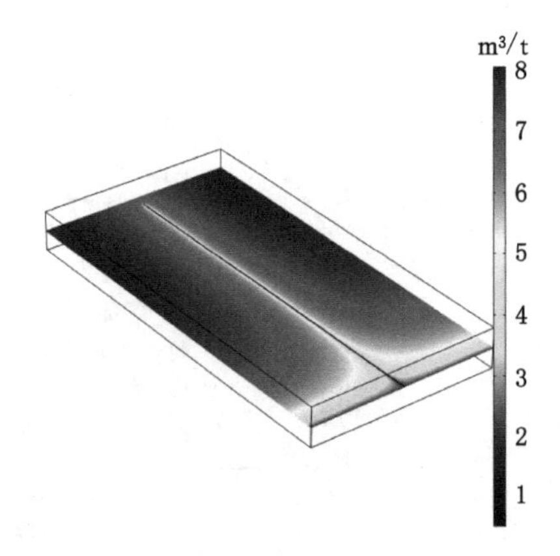

(d) $k_{x0}=1.2\times10^{-15}\ m^2$, $k_{y0}=8\times10^{-16}\ m^2$, $k_{z0}=4\times10^{-16}\ m^2$

图 7-25(续)

径迅速增加。结合图 7-25 所示的不同初始渗透率条件下残余瓦斯含量分布云图可知,有效抽采半径随着初始渗透率的增大而增大,这说明初始渗透率各向异性是影响顺层钻孔瓦斯抽采效果的主要因素之一。

(6) 不同垂直地应力对瓦斯抽采影响分析

根据相关学者实地所测地应力分布规律,拟合得到垂直地应力与煤层埋深函数关系式:$\sigma_v=0.0208H+2.195$。结合该公式可以得出,随着煤层埋深的逐渐增大,垂直地应力逐渐增加。煤层埋深 400 m、600 m、800 m 和 1 000 m 对应的垂直地应力分别为 10.5 MPa、14.6 MPa、18.8 MPa 和 23.6 MPa。为分析不同垂直地应力对顺层钻孔瓦斯抽采的影响规律,在其他工程因素和物性参数相同的条件下开展数值模拟研究,得到 180 d 时瓦斯压力曲线图和残余瓦斯含量曲线图,如图 7-26 和图 7-27 所示,不同垂直地应力时残余瓦斯含量分布云图如图 7-28 所示。

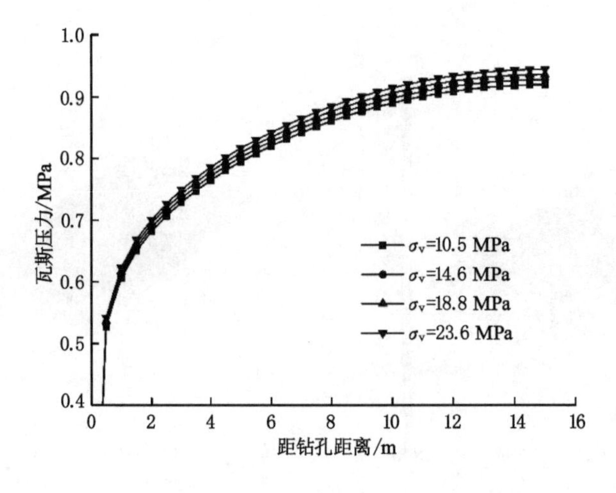

图 7-26　不同垂直地应力条件下瓦斯压力曲线(180 d)

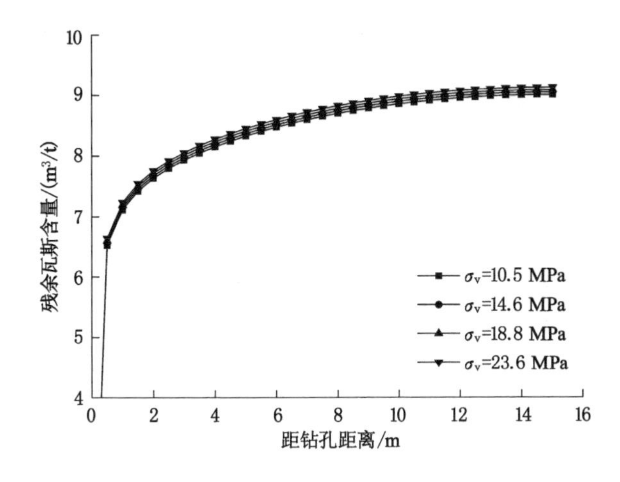

图 7-27　不同垂直地应力条件下残余瓦斯含量曲线(180 d)

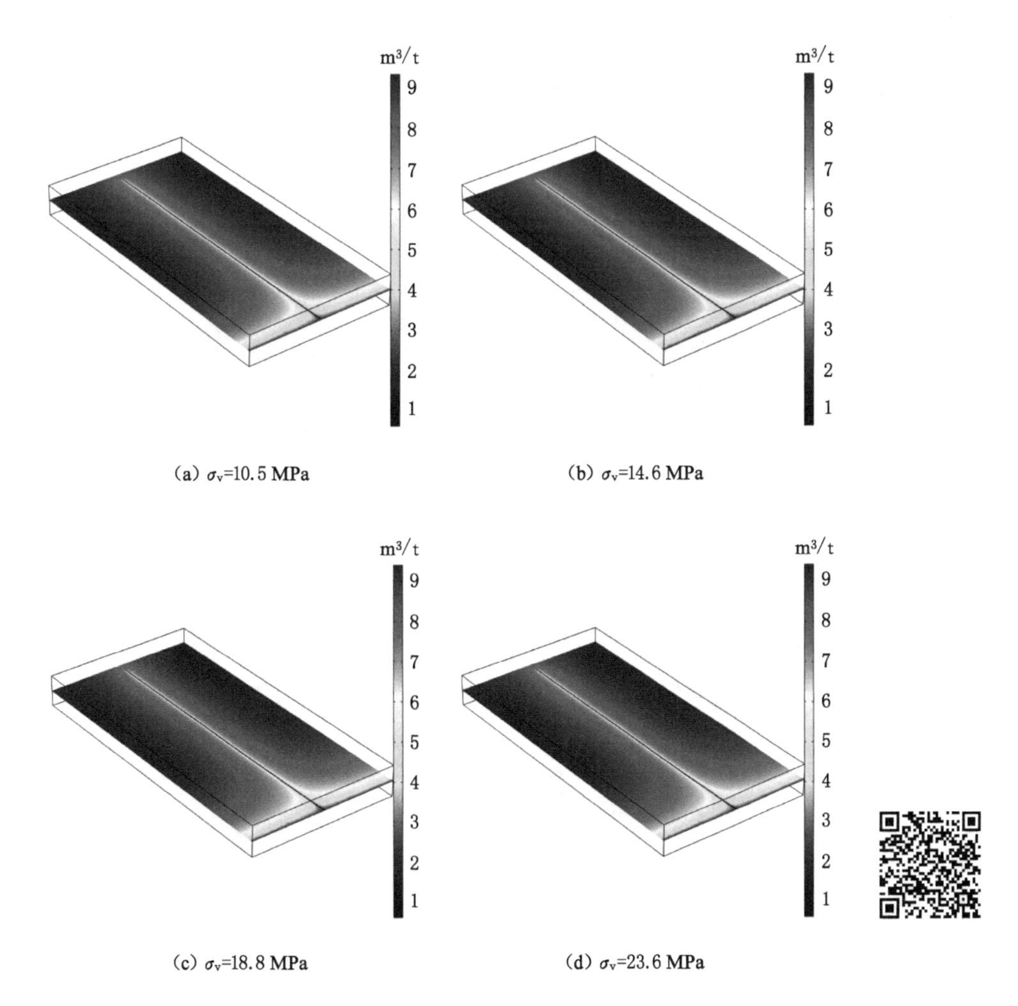

图 7-28　不同垂直地应力条件下残余瓦斯含量分布云图(180 d)

由图 7-26 和图 7-27 可知，当垂直地应力分别为 10.5 MPa、14.6 MPa、18.8 MPa 和 23.6 MPa 时，抽采 180 d 时的有效抽采半径分别为 3.31 m、3.12 m、2.96 m、2.80 m。抽采 180 d 时，随着垂直地应力逐渐增大，相同抽采时间下瓦斯压力下降幅度逐渐减小，距离钻孔越近瓦斯压力下降幅度越大，距离钻孔越远瓦斯压力变化逐渐趋向平缓。这是因为垂直地应力增大时煤层有效应力增加，煤层裂隙开度减小，进而导致煤层渗透率变小，煤层瓦斯难以抽出，有效抽采半径逐渐变小；距离钻孔越远煤层应力状态受钻孔抽采影响较小，煤层瓦斯压力变化较小。结合图 7-28 所示的不同垂直地应力条件下残余瓦斯含量分布云图可知，有效抽采半径随着垂直地应力的增大而减小，垂直地应力对有效抽采半径影响较为显著，这说明垂直地应力是影响顺层钻孔瓦斯抽采效果的主要因素之一。

7.4.3 钻孔方位角对各向异性模型瓦斯抽采影响研究

为分析钻孔方位角对顺层钻孔瓦斯抽采效果的影响，在建立考虑各向异性流固耦合模型的基础上采取单钻孔方式，分别模拟研究了钻孔方位与渗透率优势方向夹角为 30°、45°、60°、75°和 90°时顺层钻孔抽采瓦斯压力变化情况。不同钻孔方位角的几何模型和网格划分如图 7-29 所示，模型尺寸为 30 m×60 m×6 m，钻孔直径为 94 mm，钻孔深度为 16 m。在所建立的几何模型中分别设置不同布孔角度监测点，监测点设置在 y 方向 5 m、z 方向 3 m，距离钻孔 3 m 处。

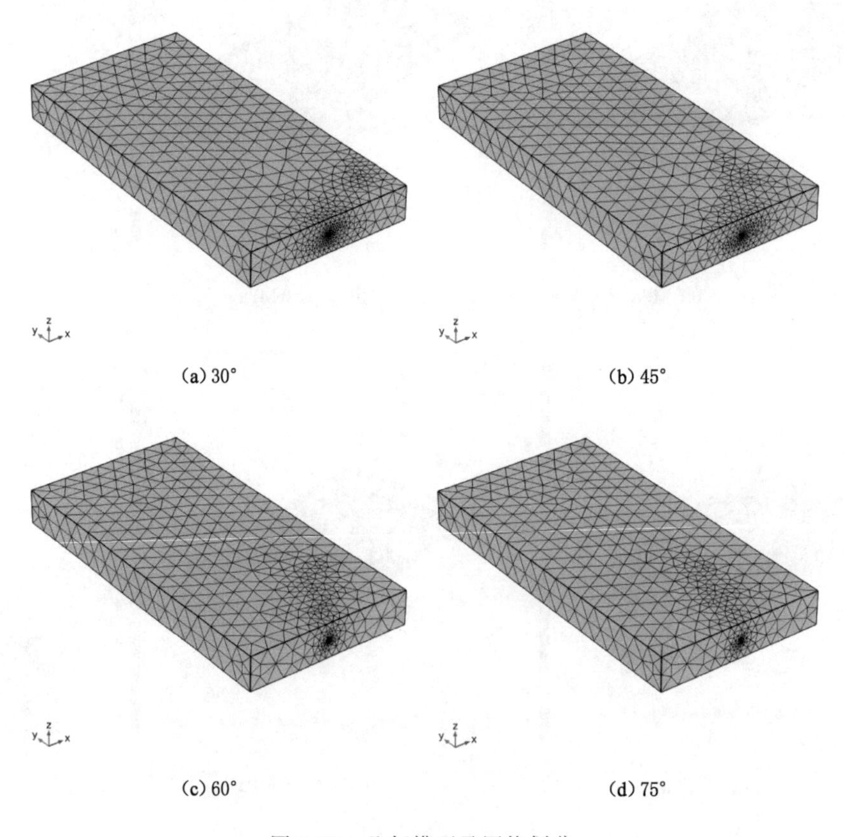

图 7-29 几何模型及网格划分

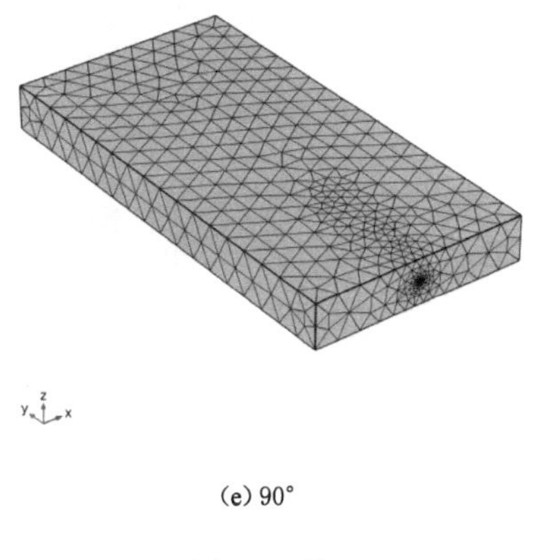

(e) 90°

图 7-29(续)

(1) 钻孔方位角对瓦斯压力影响分析

为分析钻孔方位角对煤层瓦斯压力的影响规律,在其他工程因素和物性参数相同的条件下开展数值模拟研究,得到 180 d 时瓦斯压力曲线图和瓦斯压力分布云图,如图 7-30 和图 7-31 所示。

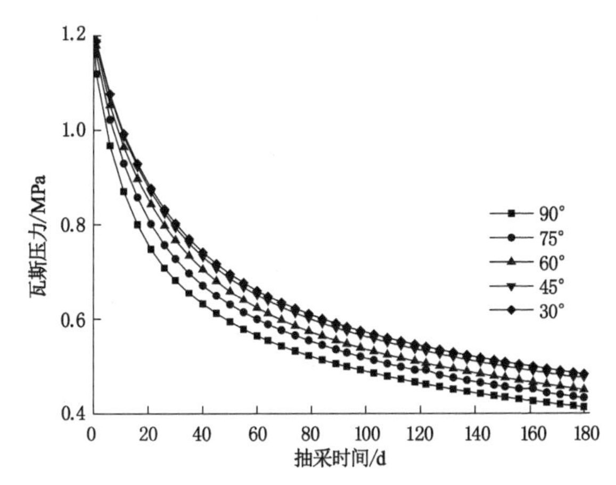

图 7-30 不同钻孔方位角条件下瓦斯压力曲线

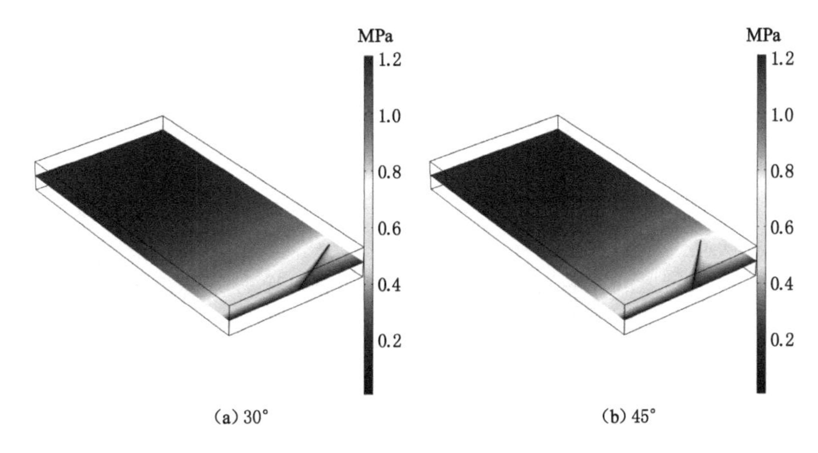

(a) 30°

(b) 45°

图 7-31 不同钻孔方位角条件下瓦斯压力分布云图(180 d)

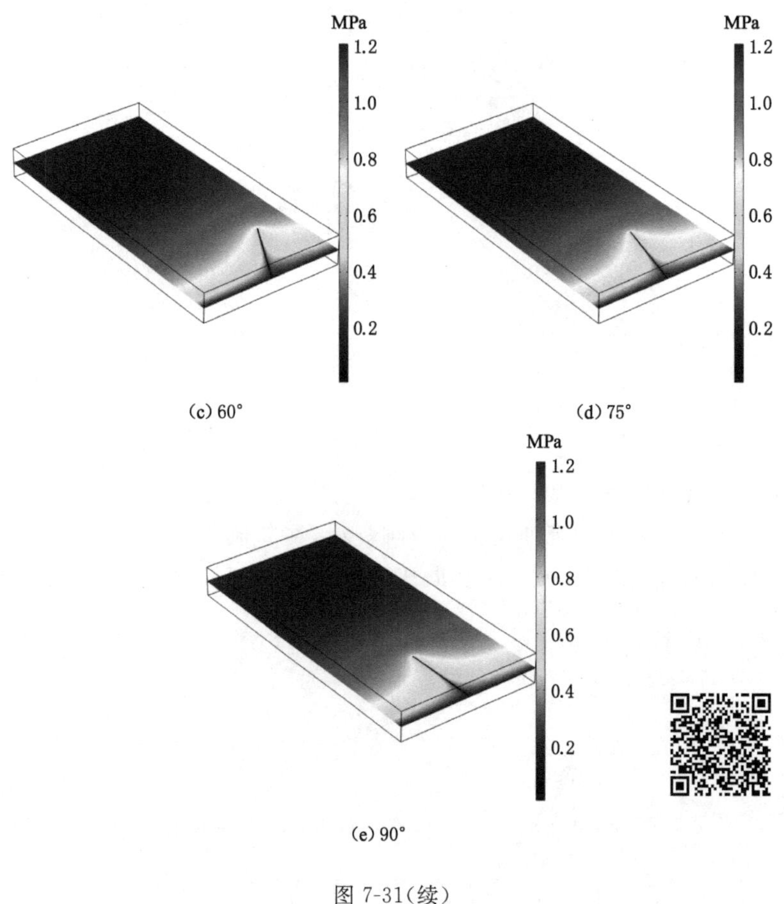

(c) 60°

(d) 75°

(e) 90°

图 7-31(续)

分析图 7-30 可知,钻孔周围瓦斯压力在抽采初期迅速降低,且下降幅度很大。这是因为在井下现场打钻作业时,煤层内的初始应力平衡状态被打破,钻孔附近的煤体由于应力平衡状态发生变化,其内吸附态瓦斯迅速解吸,瓦斯压力降低,钻孔周围出现卸压区;随着抽采时间的延长,钻孔周围的卸压区会形成新的应力动态平衡,此时钻孔周围煤体的微裂隙会由于这些应力作用被压密,气体流动通道减少导致煤体渗透率减小,瓦斯压力变化幅度逐渐趋向平缓。

结合图 7-31 进一步分析可知,钻孔方位角越大,其瓦斯压力变化量越大。当钻孔方位角为 30°时抽采 180 d 的瓦斯压力下降至 0.52 MPa,瓦斯压力下降幅度约为 57%;当钻孔方位角为 45°时抽采 180 d 的瓦斯压力下降至 0.51 MPa,瓦斯压力下降幅度约为 58%;当钻孔方位角为 60°时抽采 180 d 的瓦斯压力下降至 0.49 MPa,瓦斯压力下降幅度约为 60%;当钻孔方位角为 75°时抽采 180 d 的瓦斯压力下降至 0.45 MPa,瓦斯压力下降幅度约为 63%;当钻孔方位角为 90°时抽采 180 d 的瓦斯压力下降至 0.41 MPa,瓦斯压力下降幅度约为 66%。通过对比分析可知,钻孔方位角为 90°时钻孔瓦斯压力变化量最大,这说明瓦斯抽采效果较好的钻孔方位角为 90°。

(2) 钻孔方位角对瓦斯抽采效果影响分析

为分析不同钻孔方位角对顺层钻孔瓦斯抽采效果的影响,在其他工程因素和物性参数相同的条件下开展数值模拟研究，得到 180 d 时残余瓦斯含量曲线图和残余瓦斯含量分布云图，如图 7-32 和图 7-33 所示。

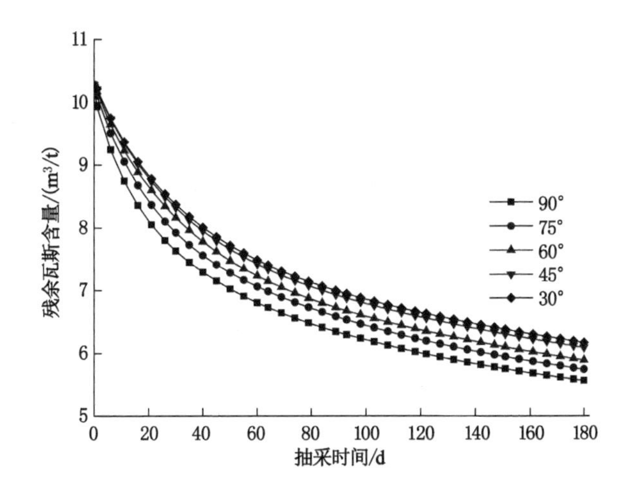

图 7-32 不同钻孔方位角条件下残余瓦斯含量曲线

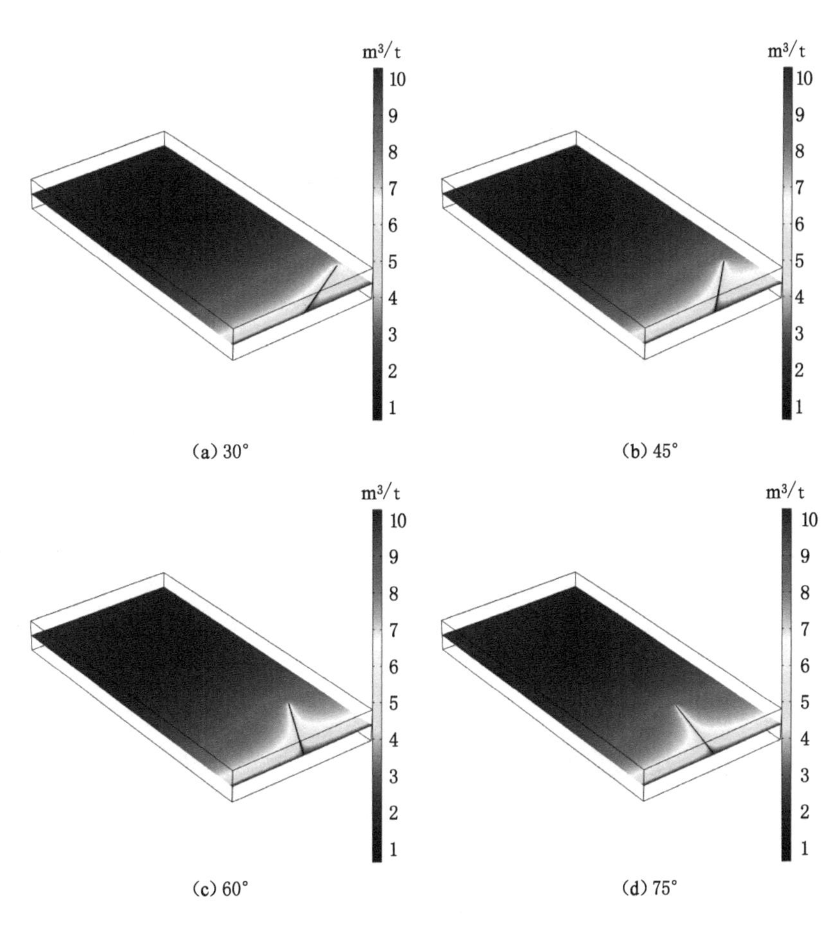

图 7-33 不同钻孔方位角条件下残余瓦斯含量分布云图(180 d)

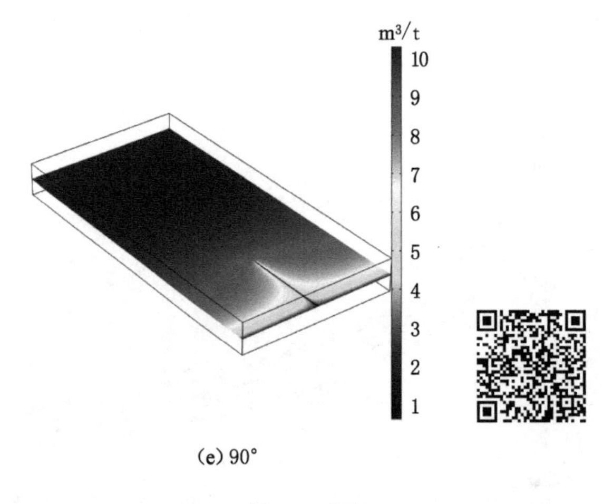

(e) 90°

图 7-33(续)

分析图 7-32 和图 7-33 可知，钻孔方位与渗透率优势方向的夹角越大，残余瓦斯含量下降幅度越大。抽采 180 d 时，钻孔方位角 30°残余瓦斯含量约是钻孔方位角 90°残余瓦斯含量的 1.27 倍，这表明钻孔方位角为 30°时，钻孔周围存在渗流困难区，钻孔方位与煤层层理发育方向不一致导致瓦斯在煤体中难以解吸，产生瓦斯聚集区；钻孔方位角 60°残余瓦斯含量约是钻孔方位角 90°残余瓦斯含量的 1.10 倍，这表明钻孔方位角为 60°时，钻孔周围瓦斯较容易解吸出来，钻孔方位虽与煤层层理发育方向有一定差异，但是对煤层瓦斯抽采效果的影响较小。因此，在现场布置钻孔时应保持煤层走向与钻孔方位存在较大夹角(大于 60°)，从而保证能充分利用渗透率优势方向提高顺层钻孔瓦斯抽采效果。

7.5 瓦斯压力敏感性分析

通过对上述数值模拟内容的研究分析可知，不同参数对煤层有效抽采半径的影响程度是有一定差别的。由于煤层瓦斯压力影响因素众多，为厘清煤层瓦斯压力变化的主控因素，定量分析不同工程参数、煤体物性参数及钻孔方位角对顺层钻孔瓦斯抽采效果的影响。在几何模型中设置一个监测点，其坐标为(18,20,3)；钻孔方位角的监测点设置在 y 方向 5 m、z 方向 3 m，距离钻孔 3 m 处。引入瓦斯压力敏感性参数来描述不同影响因素对顺层钻孔瓦斯抽采的影响程度：

$$I = 1 - \frac{p}{p_0} \tag{7-1}$$

式中，I 为瓦斯压力敏感性参数；p 为几何模型中测点在 180 d 时的瓦斯压力，MPa；p_0 为煤层初始瓦斯压力，MPa。

由式(7-1)可知，I 值越大，对煤层瓦斯压力变化影响程度越大。

7.5.1 工程参数对各向异性模型瓦斯抽采敏感性分析

根据几何模型中监测点的导出数据可得出不同抽采时间下的瓦斯压力，结合式(7-1)计算出不同抽采时间下的煤层瓦斯压力敏感性参数，如表 7-3 所示。

表 7-3 不同抽采时间下的瓦斯压力及其敏感性参数

抽采时间/d	10	30	60	90	120	150	180
瓦斯压力/MPa	1.12	1.02	0.927	0.861	0.809	0.765	0.728
I	0.067	0.150	0.228	0.283	0.326	0.363	0.393

分析表 7-3 可知，随着抽采时间的延长，瓦斯压力敏感性参数逐渐增大；当抽采时间达到一定值时，瓦斯压力敏感性参数增幅逐渐减小。这说明煤层瓦斯压力受抽采时间的影响较为显著，当抽采时间达到 180 d 时，瓦斯压力敏感性参数为 0.393。

7.5.2 煤体物性参数对各向异性模型瓦斯抽采敏感性分析

根据几何模型中监测点的导出数据可得出抽采时间 180 d 下的瓦斯压力，结合式(7-1)计算出初始瓦斯压力、初始渗透率及垂直地应力的煤层瓦斯压力敏感性参数，如表 7-4 所示。

表 7-4 不同煤体物性参数下的瓦斯压力及其敏感性参数

	初始瓦斯压力				初始渗透率				垂直地应力			
	$p_0=$ 0.74 MPa	$p_0=$ 1.2 MPa	$p_0=$ 1.7 MPa	$p_0=$ 2.2 MPa	$k_{x0}=$ 3×10^{-16} m^2	$k_{x0}=$ 6×10^{-16} m^2	$k_{x0}=$ 9×10^{-16} m^2	$k_{x0}=$ 1.2×10^{-15} m^2	$\sigma_v=$ 10.5 MPa	$\sigma_v=$ 14.6 MPa	$\sigma_v=$ 18.8 MPa	$\sigma_v=$ 23.6 MPa
瓦斯压力/MPa	0.548	0.728	0.839	0.901	0.820	0.679	0.590	0.528	0.729	0.735	0.742	0.749
I	0.259	0.393	0.506	0.590	0.317	0.434	0.508	0.560	0.393	0.388	0.382	0.376

分析表 7-4 可知，随着初始瓦斯压力、初始渗透率的增加，瓦斯压力敏感性参数逐渐增大；随着垂直地应力的增加，瓦斯压力敏感性参数逐渐减小。这说明初始瓦斯压力、初始渗透率及垂直地应力对煤层瓦斯压力的影响较为显著，初始瓦斯压力、初始渗透率及垂直地应力的最大煤层瓦斯压力敏感性参数分别为 0.590、0.560、0.393。

7.5.3 钻孔方位角对各向异性模型瓦斯抽采敏感性分析

根据几何模型中监测点的导出数据可得出抽采时间 180 d 下的瓦斯压力，结合式(7-1)计算出不同钻孔方位角的煤层瓦斯压力敏感性参数，如表 7-5 所示。

表 7-5 不同钻孔方位角下的瓦斯压力及其敏感性参数

方位角/(°)	30	45	60	75	90
瓦斯压力/MPa	0.483	0.477	0.450	0.433	0.413
I	0.598	0.603	0.625	0.639	0.656

分析表 7-5 可知，不同钻孔方位角对煤层瓦斯压力的影响程度不一样，其中钻孔方位角 90°对煤层瓦斯压力的影响较为显著，瓦斯压力敏感性参数为 0.656。这说明钻孔方位角是影响煤层瓦斯压力的主要因素之一。

根据表 7-3 至表 7-5 中的数值大小进行排序，可以得出各因素对煤层瓦斯压力的影响程度从大到小依次为：钻孔方位角＞初始瓦斯压力＞初始渗透率＞抽采时间＝垂直地应力，即钻孔方位角、初始瓦斯压力和初始渗透率是煤层瓦斯压力的主控因素，抽采时间和垂直地应力次之（图 7-34）。因此，提高煤层瓦斯抽采效果的主要技术方法是卸压、增透，其次是合理把握抽采时间和煤层开采深度。

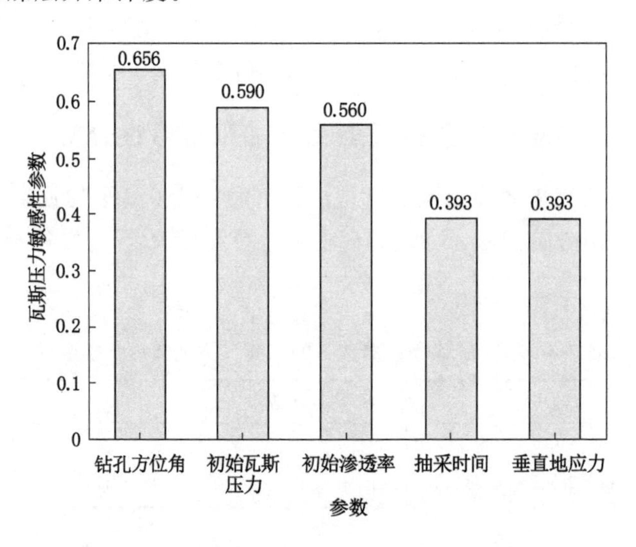

图 7-34　不同参数的瓦斯压力敏感性参数

7.6　渗透率各向异性顺层多钻孔瓦斯抽采优化模拟研究

在上一节中，基于建立的考虑各向异性流固耦合模型对单个钻孔煤层瓦斯抽采进行了数值模拟研究，但对于实际矿井瓦斯抽采来说，瓦斯抽采钻孔都是按照一定间距排列的。在这种情况下，相邻的钻孔或距离较近的钻孔会产生叠加效应，因此在考虑煤体各向异性的条件下模拟研究不同钻孔间距和不同钻孔排列方式下的煤层瓦斯压力变化规律。

7.6.1　不同层理瓦斯压力变化模拟结果分析

煤层层理及裂隙系统的存在会削弱煤层的连续性和完整性，煤体膨胀变形和渗透率各向异性在一定程度上归因于煤层层理的发育程度和走向，不同层理方向上的瓦斯压力差异是煤层各向异性的具体表现。因此，基于已建立的各向异性渗透率模型和流固耦合模型进行数值模拟研究，得到煤层瓦斯压力沿平行层理和垂直层理方向的变化规律，如图 7-35 所示。

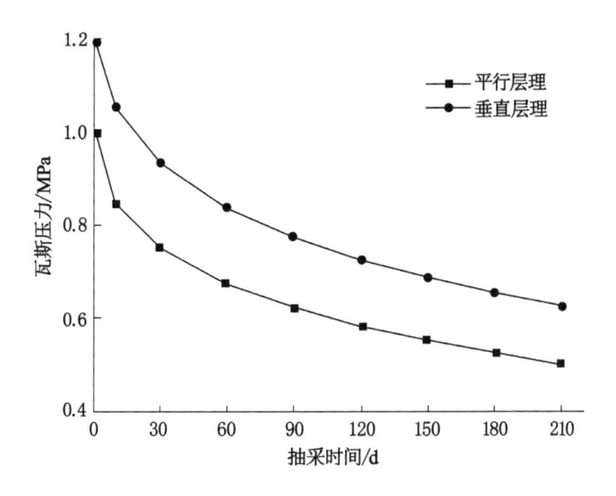

图 7-35 不同层理方向的瓦斯压力变化曲线

分析图 7-35 可知，不同层理方向的煤层瓦斯压力变化存在明显差异，其中平行层理方向的瓦斯压力变化较大，垂直层理方向的瓦斯压力变化较小。这是因为平行层理方向的煤层裂隙和孔隙发育，可以形成完整的瓦斯输送通道，瓦斯更容易被抽出；而垂直层理方向的孔隙裂隙系统与层理方向形成一定角度，在一定程度上阻碍瓦斯输送，故平行层理方向的瓦斯压力变化比较明显。

7.6.2 不同钻孔间距优化模拟研究

为进一步研究多个钻孔抽采对煤层瓦斯压力分布的影响，消除因瓦斯抽采布孔间距不合理而形成的“空白带”对煤层安全开采的影响，结合构建的各向异性流固耦合模型，对沿煤层平行层理方向设置钻孔间距分别为 4 m、6 m、8 m 时的瓦斯压力进行数值模拟研究，模拟得到抽采 180 d 下钻孔间距分别为 4 m、6 m、8 m 时的瓦斯压力分布云图及瓦斯压力变化曲线图，如图 7-36 和图 7-37 所示。

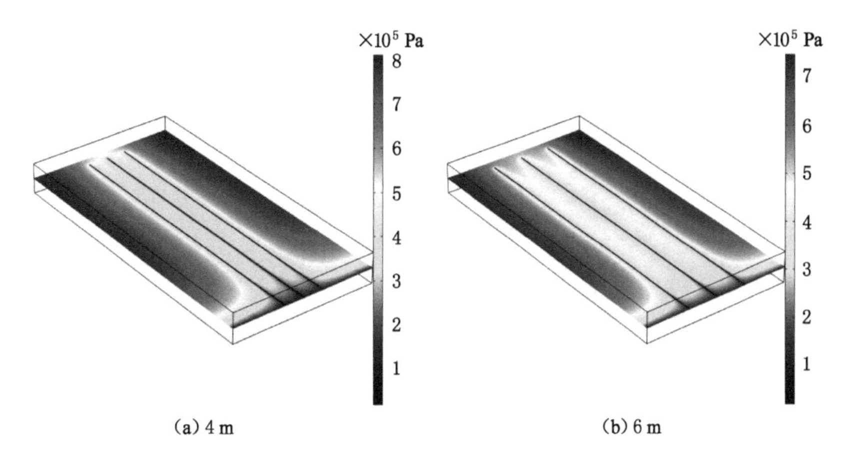

图 7-36 不同钻孔间距条件下瓦斯压力分布云图(180 d)

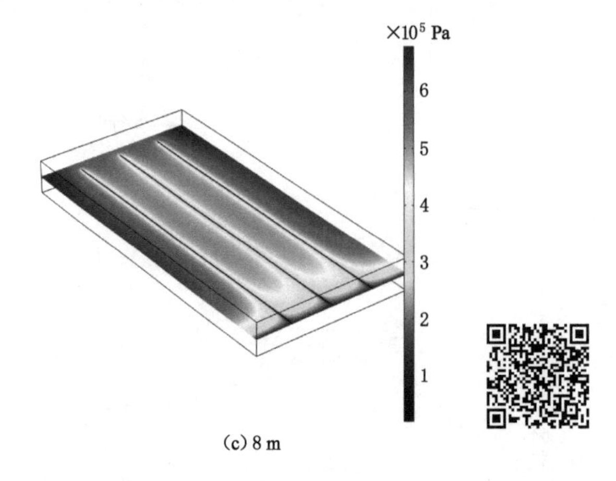

(c) 8 m

图 7-36(续)

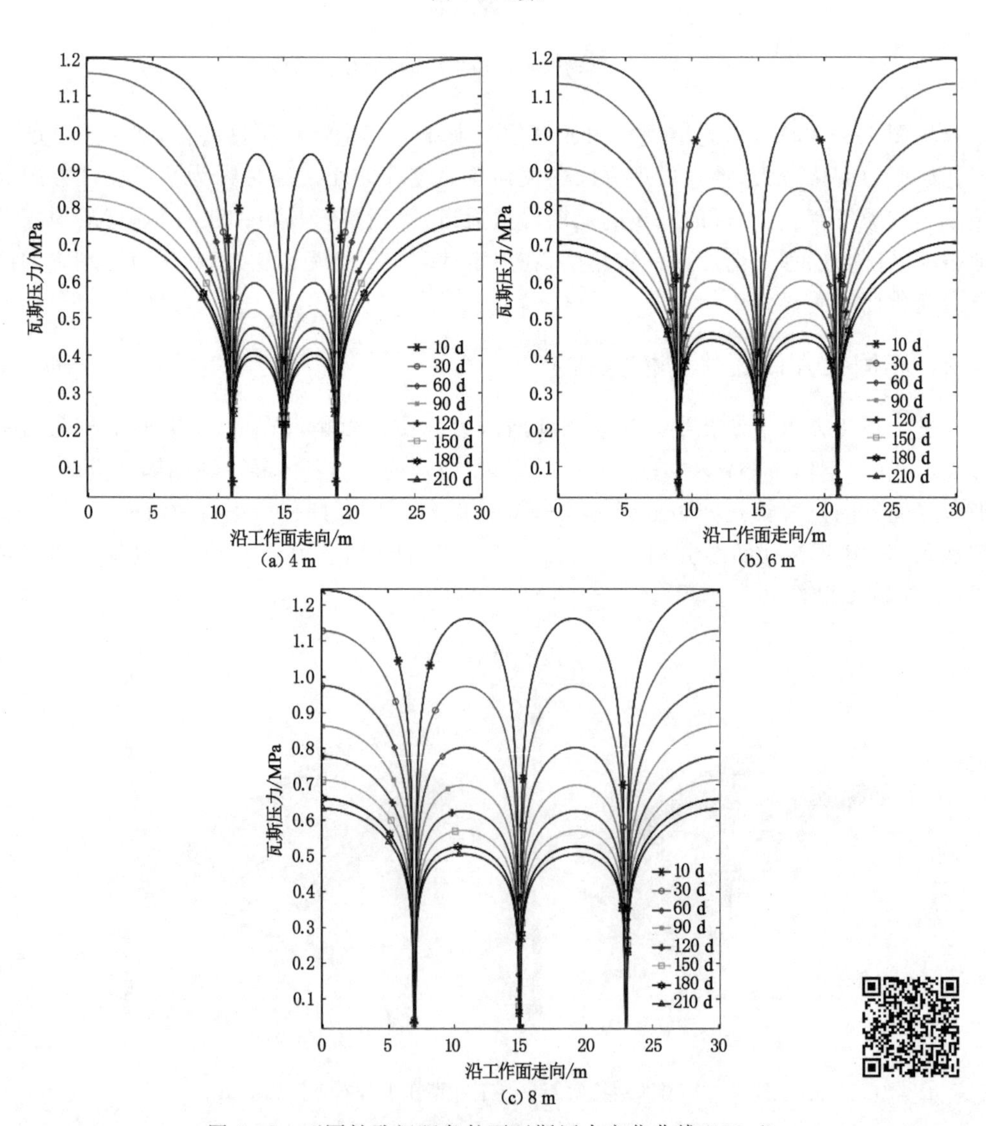

(a) 4 m (b) 6 m (c) 8 m

图 7-37　不同钻孔间距条件下瓦斯压力变化曲线(180 d)

考虑煤矿工作面现场环境的复杂性和不均衡性，有必要在实际瓦斯抽采中增加一定的安全冗余系数，本书结合前人[151]的研究设定的瓦斯抽采达标压力为0.74 MPa×70%＝0.518 MPa。结合中马村矿3906工作面的实际情况，应选择合理的钻孔间距，避免出现抽采成本过高和抽采“空白带”等问题。

分析图7-36和图7-37可知：① 当钻孔间距为4 m时，抽采180 d时钻孔周围的瓦斯压力下降至0.486 MPa，满足瓦斯抽采达标的要求，但可适当加大间距，降低抽采成本；② 当钻孔间距为6 m时，抽采180 d时钻孔周围的瓦斯压力下降到0.510 MPa，满足瓦斯抽采达标的要求；③ 当钻孔间距为8 m时，抽采180 d时钻孔周围的瓦斯压力下降到0.586 MPa，钻孔之间有明显的抽采“空白带”。综合分析，钻孔间距为4 m和6 m时的瓦斯压力可以满足瓦斯抽采设计的要求，达到抽采标准。综合考虑降低抽采成本和达到瓦斯抽采标准，钻孔间距宜设置为6 m。

7.7 本章小结

① 利用COMSOL Multiphysics模拟软件，结合所构建的渗透率演化模型及流固耦合模型进行瓦斯抽采的数值模拟研究，从理论和实验两方面验证了本书构建的数学模型和数值模拟结果的可靠性，从侧面反映了考虑煤层各向异性的必要性。

② 结合中马村矿工作面的实际情况，开展抽采负压分别为15 kPa、20 kPa、25 kPa、30 kPa和抽采时间分别为10 d、30 d、60 d、90 d、120 d、150 d、180 d的数值模拟研究，分析了抽采时间、抽采负压等关键参数对瓦斯抽采效果及瓦斯压力的影响，确定了合理的抽采时间、抽采负压、钻孔直径和钻孔间距分别为180 d、20 kPa、94 mm和6 m。

③ 随着抽采时间的延长，平行层理方向的渗透率变化最大，斜交层理方向的渗透率变化次之，垂直层理方向的渗透率变化最小。受煤层各向异性的影响，煤层在不同层理夹角方向上的瓦斯运移规律明显不同。平行层理方向有效抽采半径的变化速度明显比垂直层理方向大，不同方向的有效抽采半径变化是不一样的，平行层理方向的抽采效果优于垂直层理方向。

参考文献

[1] 刘成林,车长波,樊明珠,等.中国煤层气地质与资源评价[J].中国煤层气,2009,6(3):3-6.

[2] 袁亮.我国深部煤与瓦斯共采战略思考[J].煤炭学报,2016,41(1):1-6.

[3] 宋浩然,林柏泉,赵洋,等.各向异性和非均质性对煤层抽采钻孔瓦斯渗流的影响作用机制[J].西安科技大学学报,2019,39(3):461-468,482.

[4] 张驰.保德煤矿煤体渗透率各向异性对瓦斯抽采的影响研究[D].淮南:安徽理工大学,2020.

[5] PAN Z J,CONNELL L D. Modelling permeability for coal reservoirs:a review of analytical models and testing data[J]. International journal of coal geology,2012,92:1-44.

[6] 李懿.韩家户沟-马家台勘查区 F_{h-4} 断层特征及其对煤层赋存的影响[J].能源与环保,2020,42(1):71-74.

[7] 蔡杰,沈云飞.龙凤井田煤层气赋存特征及勘探潜力分析[J].西部资源,2020(3):67-69.

[8] 任泽强.孙疃煤矿下石盒子组主采煤层赋存特征及地质控制因素[D].徐州:中国矿业大学,2019.

[9] 刘玉敏.尚义煤田聚煤规律研究及找煤方向[J].内蒙古煤炭经济,2015(12):205-206.

[10] 李子琛,赵淼.河东煤田局部区域煤层赋存特征的分析[J].山东煤炭科技,2014(8):47-48.

[11] 令狐克桥.煤层厚度变化的影响因素[J].山东工业技术,2017(9):86.

[12] 杜海刚,宋建伟,杨军伟,等.低渗突出煤层瓦斯赋存规律及孔隙特征研究[J].中国煤炭,2020,46(7):58-64.

[13] 杨承文.甘肃省安口-新窑矿区煤层气赋存特征及影响因素分析[J].中国资源综合利用,2020,38(8):103-105.

[14] 武松.陕西招贤煤矿构造特征及瓦斯赋存预测研究[D].徐州:中国矿业大学,2019.

[15] 于建明.王家岭煤矿 8# 煤层瓦斯赋存特征及煤自燃特性研究[D].徐州:中国矿业大学,2019.

[16] 陈波,张小萌,宋一民.永陇矿区丈八井田煤层气赋存特征及其控气因素[J].中国煤层气,2020,17(4):29-35.

[17] YANG S Q,CHEN M,JING H W,et al. A case study on large deformation failure mechanism of deep soft rock roadway in Xin'An coal mine,China[J]. Engineering geology,2017,217:89-101.

[18] LI Q S,HE X,WU J H,et al. Investigation on coal seam distribution and gas occurrence law

in Guizhou,China[J]. Energy exploration & exploitation,2018,36(5):1310-1334.

[19] ZHANG K Z,WANG L,CHENG Y P,et al. Geological control of fold structure on gas occurrence and its implication for coalbed gas outburst:case study in the Qinan coal mine, Huaibei coalfield, China[J]. Natural resources research, 2020, 29(2): 1375-1395.

[20] LIU Q Q,ZHANG K Z,ZHOU H X,et al. Experimental investigation into the damage-induced permeability and deformation relationship of tectonically deformed coal from Huainan coalfield,China[J]. Journal of natural gas science and engineering, 2018,60:202-213.

[21] ESPINOZA D N,PEREIRA J M,VANDAMME M,et al. Desorption-induced shear failure of coal bed seams during gas depletion[J]. International journal of coal geology,2015,137:142-151.

[22] 李和万,刘戬,王来贵,等. 液氮冷加载对不同节理煤样结构损伤的影响[J]. 煤炭学报,2020,45(11):3833-3840.

[23] 徐超,付强,王凯,等. 载荷方式对深部采动煤体损伤-渗透时效特性影响实验研究[J]. 中国矿业大学学报,2018,47(1):197-205.

[24] 王向宇,周宏伟,钟江城,等. 三轴循环加卸载下深部煤体损伤的能量演化和渗透特性研究[J]. 岩石力学与工程学报,2018,37(12):2676-2684.

[25] 钟江城. 基于 CT 可视化的深部煤体损伤和渗透率演化规律研究[D]. 北京:中国矿业大学(北京),2018.

[26] 张娟,吴迪,张媛. 基于卸加载响应比的煤岩变形破坏研究[J]. 煤矿安全,2020,51(1):60-63.

[27] 韩毅,万永斌,施勇,等. 流固耦合作用下煤岩损伤破坏特性研究进展[J]. 科技风,2019(21):243.

[28] 于永军,朱万成,李连崇,等. 深地层煤岩组合体水力压裂裂缝扩展模拟研究[J]. 隧道与地下工程灾害防治,2019,1(3):96-108.

[29] JIA Z Q,XIE H P,ZHANG R,et al. Acoustic emission characteristics and damage evolution of coal at different depths under triaxial compression[J]. Rock mechanics and rock engineering,2020,53(5):2063-2076.

[30] 尹光志,张东明,代高飞,等. 脆性煤岩损伤模型及冲击地压损伤能量指数[J]. 重庆大学学报(自然科学版),2002,25(9):75-78.

[31] 李波波. 不同开采条件下煤岩损伤演化与煤层瓦斯渗透机理研究[D]. 重庆:重庆大学,2014.

[32] 翟盛锐. 考虑孔隙瓦斯劣化作用的煤岩损伤本构模型[J]. 中国安全生产科学技术,2014,10(2):16-21.

[33] 郭海防. 水压力作用下煤岩损伤弱化规律研究[D]. 西安:西安科技大学,2010.

[34] 杨小彬,丁元伟,秦跃平,等. 煤岩非线性损伤试验及理论模型[J]. 辽宁工程技术大学学报(自然科学版),2009,28(6):884-887.

[35] ZHENG C S, WANG W J, YE Q, et al. Similarity simulation of mining-crack-

evolution characteristics of overburden strata in deep coal mining with large dip[J]. Journal of petroleum science and engineering,2018,165:477-487.
[36] XU J K,ZHOU R,SONG D Z,et al. Deformation and damage dynamic characteristics of coal-rock materials in deep coal mines[J]. International journal of damage mechanics, 2019,28(1):58-78.
[37] 梁涛,刘晓丽,王思敬.采动裂隙扩展规律及渗透特性分形研究[J].煤炭学报,2019,44(12):3729-3739.
[38] 徐刚,王云龙,张天军,等.厚煤层采动覆岩裂隙分布特征及卸压瓦斯抽采技术[J].煤矿安全,2020,51(1):150-155.
[39] 汪文勇,高明忠,张朝鹏,等.基于 DIC 技术的预裂煤岩体裂隙演化特性研究[J].煤炭科学技术,2018,46(3):73-79.
[40] 李宏艳,王维华,齐庆新,等.基于分形理论的采动裂隙时空演化规律研究[J].煤炭学报,2014,39(6):1023-1030.
[41] 王新丰,高明中,李隆钦.深部采场采动应力、覆岩运移以及裂隙场分布的时空耦合规律[J].采矿与安全工程学报,2016,33(4):604-610.
[42] 高喜才,伍永平.特厚煤层富水覆岩采动裂隙动态分布特征模拟研究[J].煤矿安全,2011,42(3):16-18.
[43] 李树刚,石平五,钱鸣高.覆岩采动裂隙椭抛带动态分布特征研究[J].矿山压力与顶板管理,1999 (3):44-46.
[44] 米文瑞.采动覆岩离层演化规律及地表沉陷模型的研究[D].青岛:青岛理工大学,2016.
[45] YANG T,CHEN P,LI B,et al. Potential safety evaluation method based on temperature variation during gas adsorption and desorption on coal surface[J]. Safety science,2019,113:336-344.
[46] WU S Y,JIN Z X,DENG C B. Molecular simulation of coal-fired plant flue gas competitive adsorption and diffusion on coal[J]. Fuel,2019,239:87-96.
[47] 刘佳佳,贾改妮,陈守奇,等.深部低阶煤瓦斯吸附特性核磁共振试验研究[J].煤炭科学技术,2019,47(9):68-73.
[48] 高建良,李沙沙,杨明,等.水分对无烟煤瓦斯吸附影响的低场核磁试验研究[J].安全与环境学报,2018,18(1):151-155.
[49] 肖晓春,王磊,吴迪,等.瓦斯吸附作用下煤岩力学行为及声-电荷反演[J].中国安全科学学报,2018,28(7):82-87.
[50] 李树刚,白杨,林海飞,等.温度对煤吸附瓦斯的动力学特性影响实验研究[J].西安科技大学学报,2018,38(2):181-186.
[51] 秦跃平,王健,郑赟,等.煤粒瓦斯变压吸附数学模型及数值解算[J].煤炭学报,2017,42(4):923-928.
[52] 刘志祥,冯增朝.煤体对瓦斯吸附热的理论研究[J].煤炭学报,2012,37(4):647-653.
[53] 位乐.煤的瓦斯吸附动力学机制及温度效应[J].煤矿安全,2020,51(8):7-11.
[54] 张哲,秦兴林.余吾矿构造煤吸附动力学特性[J].煤矿安全,2020,51(8):28-31.

[55] 马金魁.基于双一阶函数组合模型的不同粒径颗粒煤瓦斯吸附动力学特征研究[J].煤矿安全,2020,51(7):26-30.

[56] 夏慧,蔡峰,袁媛,等.变温变压下煤样瓦斯吸附解吸特性实验研究[J].工矿自动化,2020,46(7):89-93.

[57] 郭德勇,郭晓洁,陈培红,等.构造煤分子结构的动力损伤对瓦斯吸附的影响[J].煤炭学报,2020,45(7):2610-2618.

[58] 李东,张学梅,郝静远,等.温度-压力-吸附和煤与瓦斯突出的关系探讨[J].煤矿安全,2020,51(5):21-26.

[59] 吕宝艳,杨宏民,陈立伟,等.基于主成分分析法的不同地区煤储层瓦斯吸附量差异性研究[J].河南理工大学学报(自然科学版),2021,40(2):1-7.

[60] 程波,张仰强,徐斌,等.煤层软硬分层吸附瓦斯性能差异性及其对瓦斯赋存的影响[J].矿业安全与环保,2020,47(2):25-28.

[61] 陈向军,赵伞,司朝霞,等.不同变质程度煤孔隙结构分形特征对瓦斯吸附性影响[J].煤炭科学技术,2020,48(2):118-124.

[62] 邢萌,傅永帅.东曲矿软硬煤瓦斯吸附特性对比研究[J].煤矿安全,2020,51(1):14-17.

[63] 杨涛,叶秋生,顾勇攀,等.煤样瓦斯多次充气吸附过程温度变化规律[J].煤炭工程,2019,51(11):106-110.

[64] 王晓东.煤体含水量对瓦斯解吸特性影响规律实验研究[J].煤,2019,28(11):78-80.

[65] 马树俊,王兆丰,任浩洋,等.低温变温条件下煤吸附瓦斯过程研究[J].中国安全科学学报,2019,29(10):124-129.

[66] 王晨曦,张玉贵,雷东记.构造煤纳米级孔隙与瓦斯吸附能力关系研究[J].采矿技术,2019,19(5):112-114.

[67] 徐佑林,吴旭坤.瓦斯压力对煤体吸附特性及结构影响实验研究[J].煤矿安全,2019,50(8):1-4.

[68] KANG G X,KANG T H,GUO J Q,et al. Effect of electric potential gradient on methane adsorption and desorption behaviors in lean coal by electrochemical modification: implications for coalbed methane development of Dongqu mining, China[J]. ACS omega,2020,5(37):24073-24080.

[69] CUI X,ZHANG J Y,GUO L W,et al. The effect of static blasting materials on coal structure changes and methane adsorption characteristics[J]. Advances in materials science and engineering,2020,2020:1-12.

[70] ZHANG K Z,CHENG Y P,WANG L. Pore morphology characterization and its effect on methane desorption in water-containing coal: an exploratory study on the mechanism of gas migration in water-injected coal seam[J]. Journal of natural gas science and engineering,2020,75:103152.

[71] 李祥春,李忠备,张良,等.不同煤阶煤样孔隙结构表征及其对瓦斯解吸扩散的影响[J].煤炭学报,2019,44(增刊1):142-156.

[72] 王兆丰,岳高伟,康博,等.低温环境对煤的瓦斯解吸抑制效应试验[J].重庆大学学报,

2014,37(9):106-112.

[73] 杨涛,聂百胜.煤粒瓦斯解吸实验中的初始有效扩散系数[J].辽宁工程技术大学学报(自然科学版),2016,35(11):1225-1229.

[74] 张萍.淮南潘集深部瓦斯吸附解吸实验研究[D].淮南:安徽理工大学,2017.

[75] 张宪尚.常用经验模型预测煤屑瓦斯解吸量对比分析[J].中国安全生产科学技术,2019,15(9):20-25.

[76] 刘义孟,董贺,高杰.采动应力下煤钻屑瓦斯解吸指标试验研究[J].煤炭技术,2020,39(9):135-138.

[77] 尹金辉.温度对煤样罐内煤体瓦斯解吸的影响[J].能源与环保,2020,42(8):19-22.

[78] 王圣程,李海鉴.不同温度压力下低渗煤体瓦斯的解吸规律[J].煤炭技术,2020,39(1):80-82.

[79] MAJEWSKA Z,CEGLARSKA-STEFANSKA G,MAJEWSKI S. Binary gas sorption/desorption experiments on a bituminous coal: simultaneous measurements on sorption kinetics,volumetric strain and acoustic emission[J]. International journal of coal geology,2009,77(1/2):90-102.

[80] KARACAN C Ö. Swelling-induced volumetric strains internal to a stressed coal associated with CO_2 sorption[J]. International journal of coal geology,2007,72(3/4):209-220.

[81] DAY S,FRY R,SAKUROVS R. Swelling of coal in carbon dioxide,methane and their mixtures[J]. International journal of coal geology,2012,93:40-48.

[82] 宋志敏,刘高峰,杨晓娜,等.高温高压平衡水分条件下变形煤的吸附-解吸特性[J].采矿与安全工程学报,2012,29(4):591-595.

[83] 梁冰,石迎爽,孙维吉,等.考虑压力作用的煤吸附/解吸 CH_4 变形试验研究[J].实验力学,2014,29(2):215-222.

[84] 祝捷,张敏,传李京,等.煤吸附/解吸瓦斯变形特征及孔隙性影响实验研究[J].岩石力学与工程学报,2016,35(增1):2620-2626.

[85] 张遵国,赵丹,曹树刚,等.软煤吸附解吸变形差异性试验研究[J].采矿与安全工程学报,2019,36(6):1264-1272.

[86] 张遵国,曹树刚,郭平,等.原煤和型煤吸附-解吸瓦斯变形特性对比研究[J].中国矿业大学学报,2014,43(3):388-394.

[87] 郭平.瓦斯压力对煤体吸附-解吸变形特征影响试验研究[J].煤矿安全,2019,50(9):13-16.

[88] 聂百胜,卢红奇,李祥春,等.煤体吸附-解吸瓦斯变形特征实验研究[J].煤炭学报,2015,40(4):754-759.

[89] 刘延保.基于细观力学试验的含瓦斯煤体变形破坏规律研究[D].重庆:重庆大学,2009.

[90] 张遵国.煤吸附/解吸变形特征及其影响因素研究[D].重庆:重庆大学,2015.

[91] ZHOU Y B,ZHANG R L,WANG J,et al. Desorption hysteresis of CO_2 and CH_4 in different coals with cyclic desorption experiments[J]. Journal of CO_2 utilization,

2020,40:101200.

[92] ZHOU D,LIU Z X,FENG Z C,et al. The study of the local area density homogenization effect of meso-structures in coal during methane adsorption[J]. Journal of petroleum science and engineering,2020,191:107141.

[93] ZENG J,LIU J S,LI W,et al. Evolution of shale permeability under the influence of gas diffusion from the fracture wall into the matrix[J]. Energy & fuels,2020,34(4):4393-4406.

[94] SAWYER W K,PAUL G W,SCHRAUFNAGEL R A. Development and application of a 3-D coalbed simulator[C]//Annual Technical Meeting. Calgary, Alberta. Petroleum Society of Canada,1990:90-119.

[95] PALMER I, MANSOORI J. How permeability depends on stressand pore pressure in coalbeds:a new model[J]. SPE reservoir evaluation & engineering,1998,1(6):539-544.

[96] LI J H,LI B B,WANG Z H,et al. A permeability model for anisotropic coal masses under different stress conditions[J]. Journal of petroleum science and engineering, 2021,198:108197.

[97] ZHAO J,ZHENG J N,KANG T Q,et al. Dynamic permeability and gas production characteristics of methane hydrate-bearing marine muddy cores: experimental and modeling study[J]. Fuel,2021,306:121630.

[98] LIU J S,CHEN Z W,ELSWORTH D,et al. Linking gas-sorption induced changes in coal permeability to directional strains through a modulus reduction ratio[J]. International journal of coal geology,2010,83(1):21-30.

[99] 蒋长宝,余塘,段敏克,等. 瓦斯压力和应力对裂隙影响下的渗透率模型研究[J]. 煤炭科学技术,2021,49(2):115-121.

[100] 张宏学,刘卫群,李盼. 考虑动力学扩散作用的煤系气储层渗透率模型[J]. 高压物理学报,2021,35(5):189-198.

[101] 臧杰,王凯,刘昂,等. 煤层正交各向异性渗透率演化模型[J]. 中国矿业大学学报,2019,48(1):36-45.

[102] 张浩浩,李胜,范超军,等. 煤岩渗透率各向异性模型及瓦斯抽采模拟研究[J]. 中国安全科学学报,2018,28(12):109-115.

[103] 李波波,李建华,杨康,等. 考虑各向异性影响的煤层吸附及渗透机制研究[J]. 中国安全科学学报,2020,30(2):41-46.

[104] 亓宪寅,王威. 基于结构异性比的含瓦斯煤渗透各向异性研究[J]. 岩土工程学报,2017,39(6):1030-1037.

[105] WEI X,MASSAROTTO P,WANG G,et al. CO_2 sequestration in coals and enhanced coalbed methane recovery:new numerical approach[J]. Fuel,2010,89:1110-1118.

[106] PAN Z J,CONNELL L D. Modelling of anisotropic coal swelling and its impact on permeability behaviour for primary and enhanced coalbed methane recovery[J]. International journal of coal geology,2011,85(3/4):257-267.

[107] 赵向东,唐建平. 水力压裂条件下煤层流固耦合模型的建立及数值模拟研究[J]. 矿业

安全与环保,2020,47(5):18-22.

[108] 许克南,王佰顺,刘青宏.基于动态流固耦合模型的瓦斯抽采半径及孔间距研究[J].煤炭科学技术,2018,46(5):102-108.

[109] 胡国忠,许家林,王宏图,等.低渗透煤与瓦斯的固-气动态耦合模型及数值模拟[J].中国矿业大学学报,2011,40(1):1-6.

[110] 卢义玉,贾亚杰,葛兆龙,等.割缝后煤层瓦斯的流-固耦合模型及应用[J].中国矿业大学学报,2014,43(1):23-29.

[111] 周军平,鲜学福,姜永东,等.考虑有效应力和煤基质收缩效应的渗透率模型[J].西南石油大学学报(自然科学版),2009,31(1):4-8.

[112] 尹光志,李铭辉,李生舟,等.基于含瓦斯煤岩固气耦合模型的钻孔抽采瓦斯三维数值模拟[J].煤炭学报,2013,38(4):535-541.

[113] 杨天鸿,徐涛,刘建新,等.应力-损伤-渗流耦合模型及在深部煤层瓦斯卸压实践中的应用[J].岩石力学与工程学报,2005,24(16):2900-2905.

[114] ADEBOYE O O,BUSTIN R M. Variation of gas flow properties in coal with probe gas,composition and fabric:examples from western Canadian sedimentary basin[J]. International journal of coal geology,2013,108:47-52.

[115] CHEN Y X,XU J,PENG S J,et al. A gas-solid-liquid coupling model of coal seams and the optimization of gas drainage boreholes[J]. Energies,2018,11(3):104-115.

[116] 林柏泉,宋浩然,杨威,等.基于煤体各向异性的煤层瓦斯有效抽采区域研究[J].煤炭科学技术,2019,47(6):139-145.

[117] 赵宇.煤层渗透率各向异性特征及其演化模型研究[D].焦作:河南理工大学,2018.

[118] 梁冰,袁欣鹏,孙维吉.本煤层顺层瓦斯抽采渗流耦合模型及应用[J].中国矿业大学学报,2014,43(2):208-213.

[119] 张建国,兰天伟,王满,等.平顶山矿区深部矿井动力灾害预测方法与应用[J].煤炭学报,2019,44(6):1698-1706.

[120] 刘志伟.低渗煤层高压水射流割缝强化瓦斯抽采技术研究[J].中国安全生产科学技术,2019,15(7):75-80.

[121] 李波.受载含瓦斯煤渗流特性及其应用研究[D].北京:中国矿业大学(北京),2013.

[122] 李祥春,郭勇义,吴世跃,等.考虑吸附膨胀应力影响的煤层瓦斯流-固耦合渗流数学模型及数值模拟[J].岩石力学与工程学报,2007,26(增1):2743-2748.

[123] 段淑蕾,李波波,李建华,等.含水煤岩渗透率演化规律及动态滑脱效应的作用机制[J].岩石力学与工程学报,2022,41(4):798-808.

[124] 闫志铭.煤渗透率各向异性及其对本煤层瓦斯预抽的影响规律研究[D].北京:中国矿业大学(北京),2018.

[125] 刘厅.深部裂隙煤体瓦斯抽采过程中的多场耦合机制及其工程响应[D].徐州:中国矿业大学,2019.

[126] LU Y Y,GE Z L,YANG F,et al. Progress on the hydraulic measures for grid slotting and fracking to enhance coal seam permeability[J]. International journal of mining science and technology,2017,27(5):867-871.

[127] LIN J,REN T,WANG G D,et al. Simulation investigation of N_2-injection enhanced gas drainage:model development and identification of critical parameters[J]. Journal of natural gas science and engineering,2018,55:30-41.

[128] ZHOU A T,WANG K,FAN L P,et al. Gas-solid coupling laws for deep high-gas coal seams[J]. International journal of mining science and technology,2017,27(4):675-679.

[129] WEI J P,LI B,WANG K,et al. 3D numerical simulation of boreholes for gas drainage based on the pore-fracture dual media[J]. International journal of mining science and technology,2016,26(4):739-744.

[130] LI B,WEI J P,LI P. Numerical simulation on gas drainage of boreholes in coal seam based on gas-solid coupling model[J]. Computer modelling and new technologies,2014,18(12):418-424.

[131] WEI P,HUANG C W,LI X L,et al. Numerical simulation of boreholes for gas extraction and effective range of gas extraction in soft coal seams[J]. Energy science and engineering,2019,7(5):1632-1648.

[132] 刘泽源,魏晨慧,刘书源,等. 煤层气解吸-扩散-渗流过程的气-固-热耦合模型[J]. 矿业研究与开发,2021,41(6):97-104.

[133] 孙可明,潘一山,梁冰. 流固耦合作用下深部煤层气井群开采数值模拟[J]. 岩石力学与工程学报,2007,26(5):994-1001.

[134] 陈金刚,秦勇,傅雪海. 高煤级煤储层渗透率在煤层气排采中的动态变化数值模拟[J]. 中国矿业大学学报,2006,35(1):49-53.

[135] 张先敏. 复杂介质煤层气运移模型及数值模拟研究[D]. 青岛:中国石油大学,2010.

[136] 张力,何学秋,李侯全. 煤层气渗流方程及数值模拟[J]. 天然气工业,2002,22(1):23-26.

[137] 石军太,吴嘉仪,房烨欣,等. 考虑煤粉堵塞影响的煤储层渗透率模型及其应用[J]. 天然气工业,2020,40(6):78-89.

[138] 刘卫群,王冬妮,苏强. 基于页岩储层各向异性的双重介质模型和渗流模拟[J]. 天然气地球科学,2016,27(8):1374-1379.

[139] 臧杰. 煤渗透率改进模型及煤中气体流动三维数值模拟研究[D]. 北京:中国矿业大学(北京),2015.

[140] 安坤尧,杨云杰,柳晓莉. 含瓦斯煤渗透率各向异性实验研究[J]. 华北理工大学学报(自然科学版),2020,42(4):30-33,60.

[141] SEIDLE J P,JEANSONNE M W,ERICKSON D J. Application of matchstick geometry to stress dependent permeability in coals[C]//Presentation at the SPE Rocky Mountain Meeting Held in Casper,Wyoming,1992.

[142] LIU J,ELSWORTH D,BRADY B H. Linking stress-dependent effective porosity and hydraulic conductivity fields to RMR[J]. International journal of rock mechanics and mining sciences,1999,36(5):581-596.

[143] 魏明尧. 含瓦斯煤体气固耦合渗流机理及应用研究[D]. 徐州:中国矿业大学,2013.

[144] 赵颖,陈勉,张广清. 各向异性双重孔隙介质有效应力定律[J]. 科学通报,2004,49(21):2252-2255.

[145] 陈勉,陈至达. 多重孔隙介质的有效应力定律[J]. 应用数学和力学,1999,20(11):1121-1127.

[146] ZHANG J C,BAI M,ROEGIERS J C. On drilling directions for optimizing horizontal well stability using a dual-porosity poroelastic approach[J]. Journal of petroleum science and engineering,2006,53(1/2):61-76.

[147] 王登科,魏建平,付启超,等. 基于 Klinkenberg 效应影响的煤体瓦斯渗流规律及其渗透率计算方法[J]. 煤炭学报,2014,39(10):2029-2036.

[148] 王玉涛. 采空区多孔介质空隙率与渗透特性三维空间动态分布模型[J]. 中国安全生产科学技术,2020,16(10):40-46.

[149] 牛丽飞,曹运兴,石玢,等. 潞安矿区煤层渗透率的各向异性特征实验研究[J]. 中国安全生产科学技术,2019,15(9):82-87.

[150] 王登科,吕瑞环,彭明,等. 含瓦斯煤渗透率各向异性研究[J]. 煤炭学报,2018,43(4):1008-1015.

[151] 林柏泉,刘厅,杨威. 基于动态扩散的煤层多场耦合模型建立及应用[J]. 中国矿业大学学报,2018,47(1):32-39.

[152] 康向涛,尹光志,黄滚,等. 低透气性原煤瓦斯渗流各向异性试验研究[J]. 工程科学学报,2015,37(8):971-975.

[153] 刘佳佳,杨明,魏春荣. 高抽巷抽采负压优化的数值模拟[J]. 煤矿安全,2018,49(2):35-38,42.

[154] 张天军,庞明坤,蒋兴科,等. 负压对抽采钻孔孔周煤体瓦斯渗流特性的影响[J]. 岩土力学,2019,40(7):2517-2524.

[155] 林海飞,季鹏飞,孔祥国,等. 顺层钻孔预抽煤层瓦斯精准布孔模式及工程实践[J]. 煤炭学报,2022,47(3):1220-1234.